Ahmed Bakry
Deyaa Sabra

A aplicação foliar como uma ferramenta agrícola inteligente

Ahmed Bakry
Deyaa Sabra

A aplicação foliar como uma ferramenta agrícola inteligente

Aplicação foliar como ferramenta agrícola inteligente para aumentar a produtividade das culturas arvenses

ScienciaScripts

Imprint

Cover image: www.ingimage.com

This book is a translation from the original published under ISBN 978-613-9-45973-5.

Publisher:
Sciencia Scripts
is a trademark of
Dodo Books Indian Ocean Ltd. and OmniScriptum S.R.L publishing group

120 High Road, East Finchley, London, N2 9ED, United Kingdom
Str. Armeneasca 28/1, office 1, Chisinau MD-2012, Republic of Moldova, Europe
Managing Directors: Ieva Konstantinova, Victoria Ursu
info@omniscriptum.com

Printed at: see last page
ISBN: 978-620-8-53373-1

Aplicação foliar como ferramenta agrícola inteligente para aumentar a produtividade das culturas no campo

Resumo:

O principal desafio dos próximos anos consiste em melhorar a estabilidade do rendimento da maior parte das culturas, a fim de satisfazer as necessidades da população mundial em termos de alimentação humana e animal, que se prevê que exceda os 8 mil milhões de pessoas até 2030, tendo em conta o aumento da escassez de terras e da escassez de água. A contribuição fundamental para alcançar esta abordagem reside na gestão das práticas agronómicas. Entre outras, várias investigações indicaram que a gestão dos nutrientes é a opção dominante que pode maximizar a produtividade do solo para manter uma produção mais elevada, estabilidade, garantir a segurança alimentar e manter a saúde do solo. No entanto, a estabilidade do rendimento é um assunto complexo e pode ser afetada por muitos factores.

Recentemente, surgiram apelos crescentes para que os agricultores e os especialistas em agricultura, investigadores e decisores políticos mudem a sua sensibilização para a utilização da nanotecnologia e dos fertilizantes de libertação lenta. A utilização da nanotecnologia como fertilizante tem sido sugerida em vários estudos como uma ferramenta para promover a eficiência progressiva da utilização de nutrientes, diminuindo as perdas de nutrientes através da irrigação e volatilização da água e aumentando a estabilidade do rendimento das culturas, reduzindo assim a necessidade de aplicações frequentes de fertilizantes e, consequentemente, diminuindo os custos totais. Muita literatura concluiu que os materiais nanoparticulados são mais reactivos do que os materiais não nanoparticulados, e que a utilização da nanotecnologia em fertilizantes industriais pode ser uma forma eficaz de diminuir as perdas de nutrientes na fertilização, bem como de poupar o equilíbrio dos nutrientes do solo, pelo que a nanotecnologia tem potencial para impulsionar a agricultura em termos de gestão inteligente dos fertilizantes.

A aplicação de nutrientes no solo é a prática mais comum, mas tem muitas limitações no que respeita à disponibilidade de nutrientes para as plantas. Os nutrientes inorgânicos são fixados no solo em formas insolúveis e também sujeitos a lixiviação pela chuva ou água de irrigação. Além disso, tudo o que restringe o crescimento das raízes reduz a absorção de nutrientes. A aplicação foliar permite ultrapassar estas limitações. Além disso, a alimentação foliar provou ser a forma mais rápida de corrigir as deficiências de nutrientes e de aumentar o rendimento e a qualidade dos produtos vegetais, minimizando também a poluição ambiental e melhorando a utilização dos nutrientes ao reduzir as quantidades de fertilizantes adicionadas ao solo. No entanto, todos estes factores podem ser geridos atempadamente pela Agricultura Inteligente.

A agricultura inteligente, ou smart farming, é uma prática avançada que utiliza tecnologias modernas nos sectores agrícola e pecuário para aumentar a produção, maximizar a utilização de recursos e minimizar os impactos ambientais. Na agricultura inteligente, a tecnologia da informação (TI) é utilizada para garantir que as culturas e o solo recebem exatamente o que necessitam para uma produtividade óptima das culturas e é utilizada em várias práticas agrícolas, incluindo o pré-cultivo, o cultivo, a sementeira, a fertilização, o controlo de ervas daninhas, a irrigação, a gestão de pesticidas, a colheita e os processos pós-colheita, incluindo a irrigação e a fertilização inteligentes para aumentar a produtividade das culturas, otimizar a eficiência dos fertilizantes e pesticidas, fornecer dados em tempo real, reduzir os gases com efeito de estufa e a erosão do solo, conservar a água e reduzir os custos operacionais.

Por fim, pode concluir-se que os nanofertilizantes e a fertilização foliar são ferramentas inteligentes para o foco de atenção nas actuais aplicações da agricultura inteligente, uma vez que a utilização de nanofertilizantes por pulverização foliar conduz à melhoria do rendimento e da qualidade, bem como à atenuação dos stresses bióticos e bióticos e à redução da poluição ambiental, o que pode apoiar a produtividade alimentar global de forma sustentável para aumentar a produtividade das culturas de campo.

Palavras chave: Agricultura inteligente, aplicação foliar, maximização da produtividade das culturas.

Índice

1. Abreviaturas

SAP ; Sustainable agriculture practices
UAV ; Unmanned Aerial Vehicles
IoT ; Internet of things
ATP ; Adenosine triphosphate
GPS ; Global positioning system
VRT ; Variable rate technology
NDVI ; Normalized difference vegetation index
FAO ; Food and agriculture organization
NNC ; Nano – Nitrogen chelate
NFs ; Nano fertilizers
NPs ; Nanoparticles
ROS ; reactive oxygen species
OEC ; Oxygen evolving complex

2. Introdução

O sector agrícola é a espinha dorsal de qualquer nação e é um dos principais sectores que contribuem para a autossuficiência e o crescimento económico de muitos países em todo o mundo. Vários factores impedem o crescimento deste sector, incluindo a fragmentação da utilização das terras devido ao aumento da população, a migração em massa da mão de obra da agricultura para outros sectores industriais, a disponibilidade limitada de recursos naturais e as alterações climáticas **(Bhardwaj *et al.*, 2022).**

Alimentar a população mundial em expansão e abrandar as alterações climáticas são os dois principais desafios que o sector agrícola enfrenta atualmente **(Shanmugavel *et al.*, 2023; Fawzy e El-Ramady 2022)**. Atualmente, existem 7,8 mil milhões de pessoas no planeta. Este número aumentará em 2,2 mil milhões de indivíduos ao longo dos próximos 30 anos (**Sumberg e Giller 2022).** Para alimentar todos os habitantes do planeta, será também necessário um aumento de 70% da produção alimentar. Apesar dos progressos consideráveis, as estatísticas recentes indicam que o mundo ainda não está em condições de cumprir o objetivo "Zero". A subnutrição afectará os indivíduos mais susceptíveis. Para acomodar as crescentes demandas da população, a agricultura convencional deve passar por modernização, automação e inteligência **(Mitra *et al.*, 2022).** A melhoria das técnicas de irrigação e fertilização, o uso de cultivares híbridos e o uso de agroquímicos sustentáveis são algumas das práticas agrícolas que precisam de ser melhoradas para aumentar a produção. Para mitigar estes problemas, os sectores alimentar e agrícola estão entusiasmados com a "Agricultura 4.0", uma revolução inteligente e verde que utiliza a ciência e a tecnologia.

A agricultura inteligente, também conhecida como smart farming, é uma abordagem de vanguarda que utiliza tecnologia contemporânea nas indústrias pecuária e agrícola para aumentar a produção, otimizar a utilização de recursos e reduzir os efeitos ambientais **(Monteiro *et al.*, 2021).**

Muitas operações agrícolas, como o pré-cultivo, o cultivo, a sementeira, a fertilização, o controlo de ervas daninhas, a irrigação, a gestão de pesticidas, a colheita e os procedimentos pós-colheita, como a fertilização e a irrigação inteligentes, estão a utilizar tecnologia avançada **(Fawzy e El-Ramady**

2022). As aplicações para a agricultura inteligente procuram melhorar o rendimento das culturas, maximizar a eficácia dos fertilizantes e pesticidas, oferecer dados em tempo real, reduzir as emissões de gases com efeito de estufa e a erosão do solo, preservar a água e poupar nas despesas de funcionamento.

Com o objetivo de aumentar a nutrição das culturas, os fertilizantes são materiais artificiais ou naturais que são pulverizados nas folhas das plantas ou misturados no solo. De acordo com as estimativas, os macroelementos tradicionais N, P e K adicionados ao solo perdem 40-70%, 80-90% e 50-90% do seu conteúdo, respetivamente **(Rana *et al.*, 2021).** Para aumentar a produção agrícola e garantir a segurança alimentar, a aplicação de fertilizantes deve ser feita de forma eficiente **(Kharbach e Chfadi 2021).** Os nutrientes dos fertilizantes sintéticos são rapidamente libertados no solo devido à sua elevada solubilidade. No entanto, as necessidades nutricionais de uma cultura são determinadas pela sua fase vegetativa, que é frequentemente mínima no início **(Beig *et al.*, 2022).** A quantidade de fertilizantes sintéticos aplicados e as necessidades nutricionais das culturas estão desequilibradas. As culturas apenas consomem 40-60% de azoto (N), 15-20% de fósforo (P) e 50-60% de potássio (K) quando são aplicados fertilizantes sintéticos **(Beig *et al.*, 2022).** Uma parte dos nutrientes perde-se para o ambiente e não é utilizada pelas plantas **(Remya *et al.*, 2021; Abiola *et al.*, 2023).** Para proteger o ambiente, aumentar a produção alimentar e alimentar o globo, os fertilizantes minerais devem ser utilizados de forma sensata. Por conseguinte, é imperativo criar um método sustentável e amigo do ambiente para fornecer nutrientes às plantas. A utilização de fertilizantes inteligentes, que libertam nutrientes através de um processo regulado ou gradual com base nas necessidades das culturas, é uma dessas soluções **(Venugopalan *et al.*, 2022).**

A chave para aumentar a produção alimentar mantendo a qualidade ambiental é a utilização de fertilizantes inteligentes. Os termos "eco-smart", "eco-friendly", "slow-release ecological", "controlled- release" e "increased efficiency fertilizers" são também utilizados para os descrever. Devido ao seu tamanho minúsculo e à sua elevada superfície específica, os nanofertilizantes oferecem as vantagens de uma libertação regulada, de um elevado consumo de nutrientes, de um custo baixo e de uma contaminação ambiental comparativamente reduzida (Ding et al., 2023). Por ter uma dose de aplicação menor, absorver nutrientes mais rapidamente do que a aplicação no solo e causar relativamente menos poluição ambiental, a aplicação foliar é uma das ferramentas de agricultura inteligente para aumentar a produtividade das culturas de campo e reduzir os danos ambientais causados pela poluição de doses excessivas de fertilizantes para atender às necessidades das plantas **(Ding et al., 2023).**

A aplicação foliar ajuda a mitigar os efeitos prejudiciais do stress, fornecendo nutrientes diretamente ao órgão visado **(Niu *et al.*, 2020).** A fertilização foliar, uma técnica sustentável de gestão de plantas, pode ajudar com questões que incluem perdas significativas de fertilizantes da aplicação no solo e restrições de fornecimento de nutrientes impostas por fatores externos aos órgãos das plantas **(Rossi *et al.*, 2019).**

Em conclusão, é evidente que a fertilização foliar e os nanofertilizantes são atualmente o centro das atenções nas aplicações da agricultura inteligente. Isto porque a aplicação de pulverização foliar e de nanofertilizantes melhora o rendimento e a qualidade, ao mesmo tempo que diminui a poluição ambiental e atenua os stresses bióticos e bióticos, contribuindo todos eles para a produção sustentável de alimentos a nível mundial.

3. Tipos de agricultura

3.1. Agricultura de conservação:

Este método de agricultura sustentável incentiva uma variedade de espécies vegetais, a manutenção contínua da cobertura do solo e pouca ou nenhuma mobilização do solo. Melhora a atividade biológica e a biodiversidade, aumenta a produção agrícola e melhora a eficiência da água e dos fertilizantes. Os agricultores estão a adotar abordagens de agricultura de conservação com maior frequência; os princípios orientadores destas estratégias incluem a cobertura permanente do solo, o movimento mínimo do solo e a diversificação das culturas **(Coulibaly *et al.*, 2021)**. Três conceitos inter-relacionados, modificados para se adequarem às exigências e condições regionais, formam a base da agricultura de conservação:

1. A menor quantidade possível de perturbação mecânica do solo através da plantação direta e/ou da colocação de fertilizantes (sem/zero mobilização do solo). Isto diminui a erosão do solo e mantém a matéria orgânica do solo.
2. Um mínimo de trinta por cento de cobertura orgânica (solo permanente) feita de culturas de cobertura ou resíduos de culturas. A camada de vegetação de proteção evitará a compactação do solo, inibirá as ervas daninhas, protegerá o solo dos efeitos das condições climáticas adversas e preservará a humidade do solo.
3. Diversificação das espécies. A rotação de culturas ajuda a manter as pragas e as doenças afastadas, promove uma diversidade de fauna e flora do solo que melhora a nutrição das plantas e o ciclo de nutrientes e mantém uma estrutura do solo saudável **(Coulibaly *et al.*, 2021)**.

3.2. Agricultura biológica

A produção de alimentos através da agricultura biológica, muitas vezes conhecida como agricultura biológica, dá ênfase a técnicas naturais com o mínimo de consequências ambientais adversas. Os conceitos da agricultura biológica incluem o desenvolvimento da biodiversidade, a saúde do solo, o equilíbrio ecológico, a prevenção de insumos sintéticos, o cuidado com os animais e a melhoria contínua da agricultura. A fim de manter a fertilidade e a saúde do solo, maximizar a atividade biológica e utilizar culturas de cobertura, estão incluídos os adubos naturais, verdes e animais, as rotações de culturas e o controlo biológico. Além disso, são também enfatizados outros métodos de controlo de ervas daninhas, doenças, insectos e outras pragas **(Le Campion *et al.*, 2020).**

3.3. Agricultura convencional

O termo "agricultura convencional", também conhecido como "agricultura tradicional", refere-se a sistemas agrícolas modernos com um elevado nível de utilização de factores de produção, que recorrem extensivamente a maquinaria pesada, lavoura intensiva, monocultura, cultivares de elevado rendimento, organismos geneticamente modificados e fertilizantes químicos sintéticos, fungicidas, insecticidas e herbicidas. Para que a agricultura convencional consiga uma produção óptima das culturas, é necessário utilizar uma quantidade significativa de energia e de produtos químicos. Normalmente, este método reduz a biodiversidade, deteriora a qualidade do solo e altera o ecossistema. O objetivo da agricultura tradicional é maximizar o rendimento potencial das culturas. Para o conseguir, são utilizados materiais artificiais, organismos geneticamente modificados e vários outros artigos comerciais **(Le Campion *et al.*, 2020).**

3.4. Agricultura inteligente

A utilização da inteligência artificial, dos grandes volumes de dados e dos dados ligados ao sector agrícola é um domínio em crescimento conhecido como "agricultura inteligente". Enquanto a agricultura antiga e antiquada está a evoluir para uma agricultura "inteligente", e novos termos como "agricultura inteligente", "agricultura digital" e "agricultura de precisão" estão a aparecer Outro termo para "agricultura inteligente" é "agricultura inteligente" **(Mitra *et al.*, 2022)**. Ao incorporar a tecnologia da informação na agricultura, a agricultura inteligente refere-se ao ato de permitir que máquinas e outros equipamentos processem, avaliem e façam escolhas semi-automatizadas com base em dados. Esta estratégia integra tecnologias de grandes volumes de dados, a Internet das Coisas, a inteligência artificial, a observação por satélite, dados interligados e outras tecnologias a todos os níveis da cadeia de abastecimento agrícola **(Zinke *et al.*, 2021).**

Com o uso de tecnologias como as mostradas na Fig. 1, a agricultura tradicional - que depende fortemente do trabalho humano e tem baixa produtividade - está sendo transformada em uma agricultura inteligente, eficiente, sustentável e ecologicamente correta **(Mitra *et al.*, 2022).** A Agricultura 4.0 é caracterizada pela integração de várias tecnologias, como robótica, nanotecnologia, IoT, IA, cadeia de blocos e Veículos Aéreos Não Tripulados (VANT), como pode ser visto na Fig. 2.

Prevê-se que haverá 9,7 mil milhões de pessoas na Terra em 2050 e que esse número poderá aumentar para 11 mil milhões no final deste século. Com base nestas previsões, prevê-se que o consumo mundial de alimentos aumente rapidamente. É um esforço enorme aumentar a produção de alimentos para satisfazer as necessidades da população em crescimento. A única forma de aumentar a produção de alimentos é através de uma agricultura inteligente e sustentável. O objetivo é erradicar a fome a nível mundial até 2030. No entanto, atualmente não estamos a caminhar nessa direção. Atualmente, 800 milhões de pessoas em todo o mundo sofrem de subnutrição. O crescimento da população é um dos principais factores deste problema. Mais alimentos é igual a mais pessoas. Até 2050, será necessária uma produção alimentar 70% superior para alimentar toda a população do planeta. Há outros factores que agravam este cenário **(Mitra *et al.*, 2022)**:

- Os hábitos alimentares estão a evoluir devido à urbanização. A proteína animal está a ser consumida por mais pessoas.

  O consumo anual per capita de proteínas animais entre 1997 e 1999 foi de 36,4 kg, prevendo-se que até 2030 aumente para 45,3 kg.
- A quantidade de recursos naturais está a diminuir. Um número crescente de zonas agrícolas está a

  tornando-se inutilizáveis para a agricultura. Atualmente, 44% das terras cultivadas são consideradas algo inapropriadas, enquanto 25% das terras são severamente inapropriadas. Quarenta por cento da área cultivada é agora inutilizável devido à falta de água.

• As águas subterrâneas estão a esgotar-se cada vez mais devido à desflorestação para a construção de novas zonas agrícolas e urbanas
crescimento.

• A rotação insuficiente de culturas, o pastoreio excessivo de animais e os curtos períodos de pousio são todos resultados de um excesso de
agricultura, que também provoca a erosão dos solos.

-As alterações climáticas estão a ocorrer rapidamente. Têm um impacto em todas as facetas da produção alimentar. A duplicação das emissões de gases com efeito de estufa nos últimos cinquenta anos conduziu a secas e inundações mais frequentes e imprevisíveis, bem como a um aumento do desperdício alimentar **(Mitra *et al.,* 2022)**

-Em todo o mundo, entre 33 e 50 por cento dos alimentos produzidos são desperdiçados. Os sectores da alimentação e da agricultura acolhem a "Agricultura 4.0", uma revolução inteligente e verde com a ciência e a tecnologia no seu centro, como uma solução para estes problemas. A Fig. 4.0 apresenta uma visão geral da agricultura inteligente.

1 .

3.4.1. Tipos de agricultura inteligente:

1. Um método inteligente de cultivo do solo que inclui a preparação da cama de sementes, a sementeira, a monda e a lavoura,
e preparação do solo

2. Sistemas inteligentes de fertilizantes que aplicam automaticamente fertilizantes nos campos, regulando a quantidade
e a qualidade do adubo, bem como o tempo de pulverização,

3. Sistemas sensatos de deteção e gestão de pragas que monitorizam e identificam infestações de pragas nas culturas cultivadas e empregam várias estratégias de tratamento para gerir essas infestações,

4- Sistemas de rega inteligentes automatizados que fornecem a água necessária para a rega de uma forma regulada.

5. Utilizando métodos baseados na Internet das Coisas, um sistema de colheita inteligente pode colher eficientemente um
domínio.

6. Utilização de tecnologia inteligente na pecuária inteligente para criar animais

8- Um sistema inteligente de gestão da qualidade das águas subterrâneas que monitoriza e mantém níveis adequados de águas subterrâneas para a produção agrícola e pecuária; e 7- Um sistema inteligente de gestão agrícola que oferece dados de registo analítico e de avaliação para aumentar a produtividade das culturas cultivadas no campo **(Vangala *et al.,* 2022).**

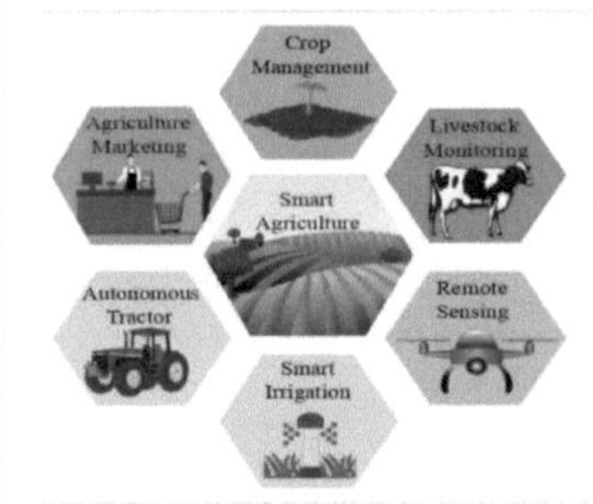

Fig. 1. Smart Agriculture Overview (Mitra *et al.*, 2022)

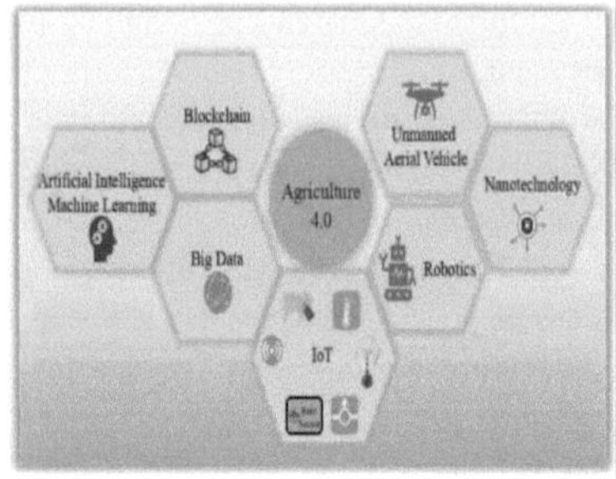

Fig. 2: Elements of Agriculture 4.0. (Mitra *et al.*, 2022)

3.4.2. Benefícios da agricultura inteligente (Fig.3.)

-Conservação da água (eficiência na utilização da água).

- Aumento da produtividade das culturas.
- Redução dos custos operacionais.
- Abertura de zonas agrícolas não convencionais nas cidades e nos desertos.
- Redução da erosão do solo.
- Reduzir as emissões de gases com efeito de estufa.
- Disponibilidade de dados em tempo real para os agricultores.
- Otimização da utilização de fertilizantes e pesticidas.

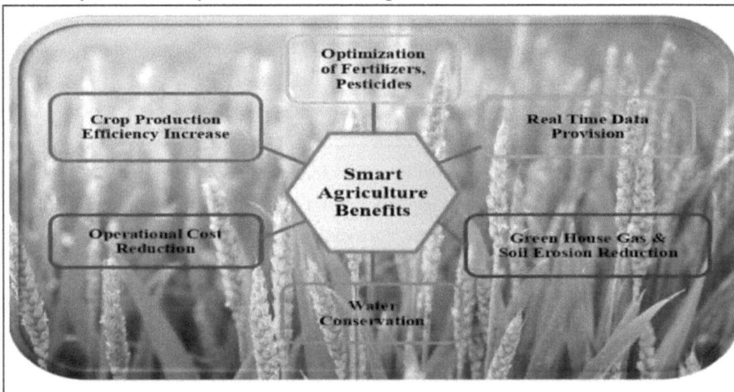

Fig. 3. Smart agriculture benefits over traditional agriculture . (Mitra *et al.*, 2022).

3.4.3. Camadas de agricultura inteligente:

O sector agrícola beneficiou recentemente da utilização de várias tecnologias, protocolos e normas da IdC. A aplicação afirma que existem diferentes números de níveis relacionados na arquitetura da aplicação. Estruturas agrícolas inteligentes São possíveis três, quatro, cinco, seis e sete camadas. (Fig. 4) descreve esta arquitetura da agricultura inteligente. tem três camadas primárias, com duas camadas de ligação entre as camadas.

Separamo-las em duas subcamadas porque a camada de ligação cria uma ponte entre todos os níveis, ligando várias camadas utilizando várias tecnologias **(Gupta *et al.*, 2020).**
-Camada 1**:** A pedra angular da arquitetura da agricultura inteligente é a Camada de Dispositivos Agrícolas, que inclui sensores, vedações automatizadas, sistemas hidropónicos, estufas, cercados para animais, etiquetas para gado, veículos aéreos não tripulados e tractores em terrenos agrícolas. Essencialmente, estes dispositivos, também conhecidos como nós de origem dispersa, detectam os parâmetros físicos, recolhem dados de forma contínua e em tempo real e transmitem-nos ao nó de gateway na camada subsequente através da camada de ligação. **(Liu *et al.*, 2021).**
-Camada 2**:** A camada de computação de borda é esta. É constituída por muitos nós de extremidade. O sistema agrícola inteligente específico determina quantos nós são necessários. Aqui, os dados da camada 1 são processados, filtrados e encriptados. Os dispositivos de borda são feitos de placas de hardware **(Yin *et al.*, 2017).**
- Camada 3: A terceira e mais elevada camada na conceção ascendente do sistema agrícola inteligente é a camada de computação em nuvem. Através da Internet, os utilizadores podem aceder a esta camada virtual, que está frequentemente alojada em centros de dados, a partir de qualquer ponto do globo. É necessário tratar, examinar e armazenar grandes quantidades de dados recolhidos pelos sensores e câmaras das explorações agrícolas **(Khattab *et al.*, 2016).**
-Camadas de conetividade**:** Fornecem uma ligação entre os diferentes níveis. Os dados dos parâmetros físicos são obtidos pela camada de conetividade-1 a partir da camada-1 e enviados para a camada-2. O nível de conetividade-2 transfere os dados processados do nível-2 para o nível-3. Dependendo da região a ser conectada, são utilizadas diferentes redes de comunicação de alcance de transmissão nesta camada, como mostra a Figura 4. A gestão da água fez uso do LoRa em **(Zhao *et al.*, 2017).**

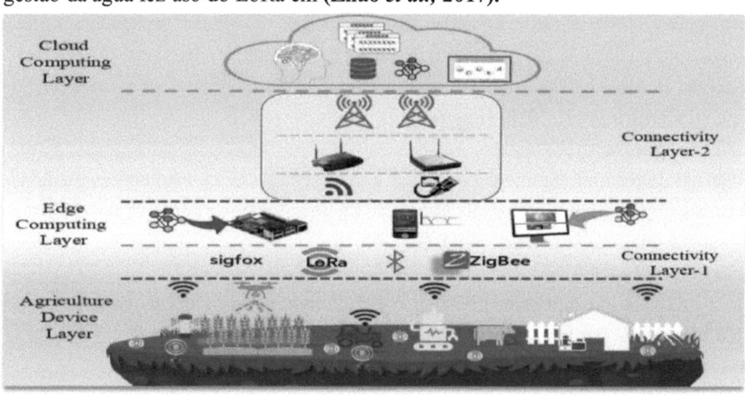

Figure 4: Architecture (layers) of Smart Agriculture (Sekaran *et al.*, 2020)

3.4.4. Aplicações de agricultura inteligente:

As aplicações da agricultura inteligente incluem UAV, tractores autónomos, estufas inteligentes, gestão de culturas, irrigação inteligente, controlo de pragas e monitorização de animais (Fig. 5).

-Gestão das culturas:

O exame da seleção, produção e comercialização de culturas numa perspetiva económica, ambiental e social. Os padrões agrícolas são determinados pelo crescimento das culturas, disponibilidade de água, mão de obra, seguros e condições ambientais. Os agricultores estão equipados com as mais recentes tecnologias e sensores instalados no terreno através da Internet das Coisas para acompanhar o desenvolvimento das plantas (fig. 5) **(Gupta *et al.*, 2020).**

-Monitorização do solo

A disponibilidade de água, o sal do solo, as pragas, a humidade, o pH e a humidade afectam os padrões das culturas. A tomada de decisões nas explorações agrícolas depende em grande medida da monitorização do solo. Estes elementos apoiam a avaliação da saúde do solo. Os sensores de campo monitorizam a temperatura e a humidade do solo, e os dados avaliados são transmitidos para a nuvem **(Vitali *et al.*, 2021).**

-Monitorização do gado

Os agricultores podem seguir os animais em pastoreio, vigiar a saúde dos seus rebanhos de vacas e melhorar os procedimentos de criação com a ajuda de um sistema de monitorização da saúde do gado com base na Internet das Coisas.

-Sensorização remota

Os drones podem cartografar os campos agrícolas e identificar o tipo de solo ideal para as culturas, enviando aos agricultores fotografias de alta qualidade das culturas em tempo real. Além disso, útil para a deteção de ervas daninhas e pragas, a deteção remota permite a modificação das estratégias de gestão de pragas. Os valores do Índice de Vegetação por Diferença Normalizada (NVDI) são essenciais para prever o rendimento e promover o desenvolvimento das plantas, o que melhora a agricultura. Para monitorizar os agentes de stress abiótico nos campos agrícolas com a melhor resolução espacial, é utilizado equipamento de deteção remota. A fim de medir a precipitação, detetar condições de seca e localizar recursos hídricos, a teledeteção é essencial para a previsão e monitorização do tempo **(Rajendra *et al.*, 2020)** (Fig. 6, 7)

-Smart Irrigation

O objetivo da rega inteligente é maximizar a utilização da água, mantendo a qualidade e quantidade dos produtos, através da utilização de tecnologias de ponta. Poupa água dando às plantas a quantidade certa de água. (Fig. 8).

-Smart Greenhouse

Com a mudança do ambiente global e o esgotamento dos recursos naturais, o sector agrícola está feliz por adotar métodos agrícolas assistidos por tecnologia.

-Trator autónomo

Para implementar carros autónomos programáveis na agricultura sustentável, um trator autónomo equipado com GPS, lasers e câmaras é um componente essencial. Além de serem utilizados em conjunto com drones autónomos para deteção de ervas daninhas, monitorização do campo e vigilância, estes tractores também realizam a lavoura e a pulverização de fertilizantes **(Virk, 2020).**

-Urban Farming

Para proporcionar uma solução agrícola sustentável nesses locais, surgiu um novo tipo de agricultura. Como resultado, a agricultura urbana ou vertical está a tornar-se cada vez mais popular entre os residentes urbanos. A agricultura com água regulada, fertilizantes, poucos pesticidas e fontes de iluminação artificial requer um espaço tridimensional.

- A hidroponia é um sistema à base de água que pode ser gerido com aplicações para smartphones e fornece às plantas todos os nutrientes de que necessitam a partir de uma solução de água rica em nutrientes.

-A aeroponia é um método comparável em que as raízes são nebulizadas em vez de imersas em água.

- Embora a aquaponia seja um sistema hidropónico mais moderno, os fertilizantes (azoto e fósforo) não são misturados a partir do exterior. Estes nutrientes são produzidos pelos peixes no mesmo tanque **(Haris *et al.*, 2019).**

-Agriculture Marketing

Os agricultores podem utilizar uma variedade de aplicações de agro-marketing para vender os produtos diretamente aos clientes. Os agricultores e os utilizadores finais negociaram o comércio utilizando a cadeia de blocos como plataforma **(Revathy e Priya 2020) .**

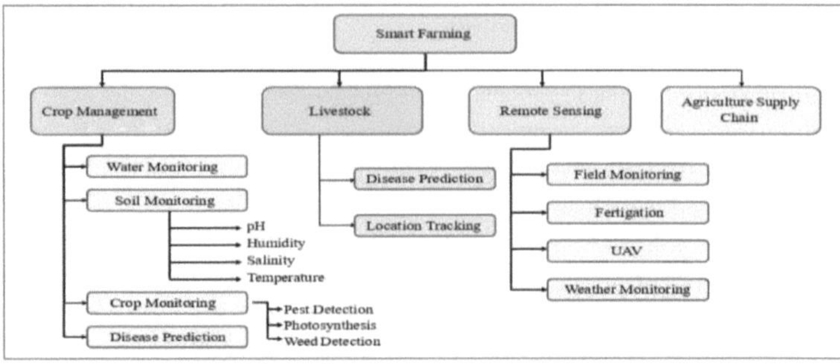

Fig. 5 Applications of Smart Agriculture (**Mitra *et al.*, 2022**)

Fig. 6. Humidity sensor *(Sekaran et al., 2020)*

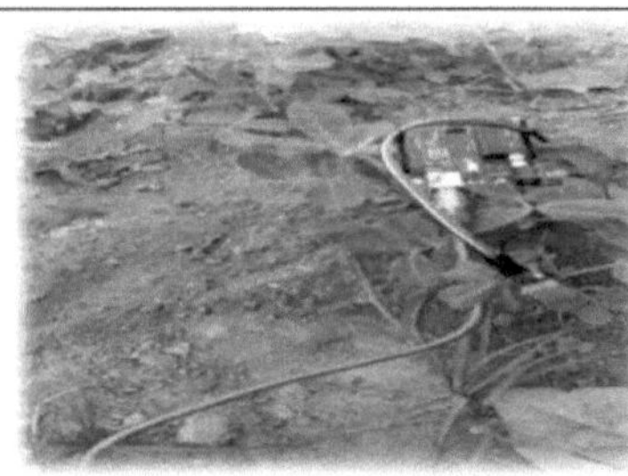

Fig. 7. Soil moisture sensor (Sekaran *et al.*, 2020)

Fig.8. Smart irrigation (Fawzy *et al.*, 2022)

Os desafios que a agricultura inteligente enfrenta são **os seguintes**

1- As dificuldades com a aprendizagem de poucos disparos na agricultura inteligente. **(Yang *et al.*, 2022).**

2- As questões de segurança na agricultura inteligente facilitada pela Internet das Coisas **(Vangala *et al*, 2022).**

3- As cidades e indústrias inteligentes enfrentam desafios relacionados com a segurança e a privacidade **(Rao e Deebak, 2022).**

4- A Internet das Coisas na agricultura inteligente pode confrontar-se com uma série de dificuldades, tais como a IoT normas, dados IoT, preocupações de mercado e regulamentares, segurança, fiabilidade, escalabilidade, localização, problemas de rede e otimização de recursos **.**

5- Os desafios associados à tecnologia agrícola inteligente podem incluir a utilização da IA para identificar precocemente os sintomas de doenças, o stress hídrico das folhas das culturas e as condições do solo **(Idoje *et al.*, 2021).**

6. Entre os vários obstáculos, contam-se despesas dispendiosas, falta de conhecimentos técnicos, sistemas tecnológicos desconectados, problemas de interpretação e utilização de dados, um mercado de consumo instável e falta de cibersegurança **(Jerhamre *et al.*, 2022; El-Ramady e Zakaria, 2022).**

4. Elementos nutritivos:

17 elementos minerais essenciais são cruciais para o ciclo de vida e as actividades metabólicas das plantas. Sem estes nutrientes, as plantas apresentam sintomas de deficiência, processos de crescimento interrompidos e paragem do desenvolvimento nas culturas, nos animais e nos seres humanos. Estes elementos são classificados em dois grupos: minerais essenciais e minerais não essenciais:

(1) Os elementos não minerais (compostos por três elementos, C, H e O) são absorvidos da água do solo e da atmosfera para constituir aproximadamente 95% do peso seco da planta.

(2) A maior parte dos elementos minerais absorvidos do solo são elementos minerais (14 elementos no total: N, P, K, Ca, Mg, S, Fe, Mn, B, Zn, Cu, Mo, Cl e Ni). A partir da solução do solo, os elementos minerais necessários são absorvidos em formas iónicas. Os elementos minerais são ainda divididos em três categorias principais: (i) grupos de macro e micronutrientes com base na forma como as plantas os utilizam e absorvem; (ii) grupos fisiológicos com base na forma como as plantas funcionam; e (iii) grupos baseados no floema com base na forma como as plantas se deslocam. São utilizados vários critérios de essencialidade para dividir ainda mais estas categorias em subgrupos **(Bhardwaj *et al.*, 2022).** (Fig. 9) e (Quadro 1).

Nutrient element	Deficiency symptoms in plants
Nitrogen, N	Severe chlorosis, necrosis of leaves, stunted growth, reduced fertilization, and curtailed fruit yield
Phosphorus, P	Bluish-green leaves, restricted growth
Potassium, K	Burning along with spotting in leaf margins, reduced crop yield quality of fruit and vegetables
Calcium, Ca	Chlorosis in young leaves
Magnesium, Mg	Chlorosis in older leaves
Sulfur, S	Inward puckered leaves, reduced shoot growth
Iron, Fe	Interveinalchlorosis in younger leaves
Manganese, Mn	Interveinalchlorosis with a grey spot on leaves
Boron, B	Chlorosis in young leaves where terminal bud become light green with shorter internode
Zinc, Zn	Interveinalchlorosis and stunt growth. Kaira and white bud in rice and maize, respectively
Copper, Cu	Chlorosis and necrosis in young tissue, male flower sterility
Molybdenum, Mo	Chlorotic mottling with necrotic spotting on leaves
Chlorine, Cl	Chlorotic molting and wilted foliage
Nickel, Ni	Urea accumulation and necrosis in leaves

Table 1. Fertilizer nutrients related deficiency symptoms in plants (Bhardwaj *et al.*, 2022)

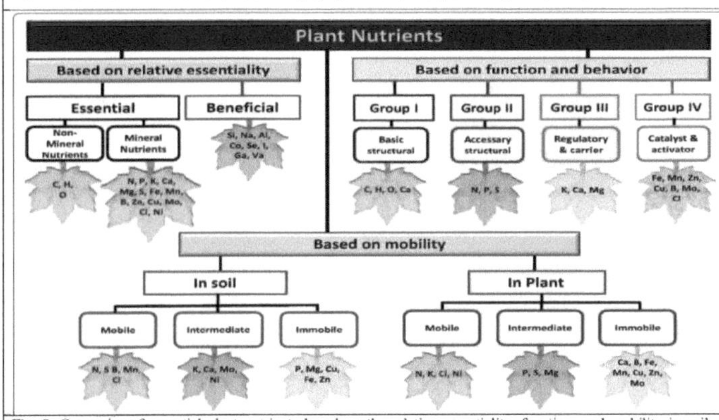

Fig. 9. Categories of essential plant nutrients based on the relative essentiality, function, and mobility in soil and plants (Bhardwaj *et al.*, 2022)

4.1. Elementos nutrientes e o seu papel nas plantas:

4.1.1. Elementos de macronutrientes:

Estes são os componentes que as plantas necessitam em grandes quantidades. Existem seis macronutrientes no total: azoto (N), fósforo, potássio, cálcio, magnésio e enxofre. Destes, o N é o principal elemento mineral necessário e o mais importante para o desenvolvimento das plantas (Fig. 10-11) **(Johnson e Mirza 2020).**

Azoto (N): Este elemento é vital para todos os seres vivos, incluindo proteínas, aminoácidos, ácidos nucleicos, enzimas, hormonas, vitaminas e metabolitos secundários. Representa cerca de 1% a 5% do peso seco total da planta. É essencial para a fotossíntese, uma vez que é o principal componente da clorofila. O N controla igualmente a absorção e a utilização de outros componentes necessários. Favorece o crescimento dos frutos, melhora a sua qualidade, confere à planta uma tonalidade verde e acelera o crescimento vegetativo. Apesar de o gás inerte azoto (N2) constituir 78% da atmosfera terrestre, os solos e as plantas agrícolas carecem deste elemento, que não pode ser absorvido diretamente **(Johnson e Mirza 2020).**

O fósforo (P) é um componente crucial dos ácidos nucleicos (ADN e ARN), dos fosfolípidos e das fosfoproteínas. É o segundo nutriente mais frequentemente necessário para o desenvolvimento das plantas. Acima de tudo, é o principal bloco de construção do trifosfato de adenosina (ATP), que é a principal fonte de energia para o metabolismo. O P, tanto orgânico como inorgânico, constitui a maior parte dos nutrientes do solo. A forma inorgânica de P é a mais comum das duas (54 a 84%). Devido à sua rápida taxa de dissociação, o P em solução é suscetível de se transformar rapidamente em P lábil. Este P lábil é constituído pelo P ligado ou fixado ao cálcio (Ca), ao ferro (Fe) e ao alumínio (Al), sendo que o P de cálcio constitui a maior percentagem (40-50%) dos três. **(Dhok, 2020).**

Potássio: Sendo o terceiro nutriente principal mais essencial, o potássio (K) controla uma série de processos metabólicos críticos, incluindo o movimento de nutrientes e água, a abertura e fecho dos estomas, a manutenção do pH do citoplasma e a ativação de mais de 60 enzimas. É bem sabido que o potássio reforça o sistema de defesa das plantas. A concentração deste elemento único em tecidos saudáveis varia entre 1% e 5%, e mesmo em grandes acumulações, não causa toxicidade. Os níveis de K no solo aumentam com a alcalinidade do solo ou pH, e tornam-se menos acessíveis quando o pH desce para um nível ácido **(Dhok, 2020).**

Cálcio: Para que a parede celular se desenvolva e o pectato de cálcio funcione como um mecanismo regulador que permite apenas a entrada de nutrientes não tóxicos, o cálcio (Ca) é um elemento estrutural e regulador crucial. Serve como cofator para a ativação de enzimas, controla a divisão celular, preserva a integridade cromossómica e é crucial para a atividade meristemática na ponta da raiz.

Magnésio: Uma vez que o (Mg) é um componente-chave da clorofila, é crucial para as plantas. É um elemento estrutural (elemento de ligação) dos ribossomas, que se pensa serem a fábrica da célula para a síntese de proteínas. Desempenha igualmente uma função crítica na síntese proteica, iniciando a síntese da cadeia polipeptídica que resulta na criação de aminoácidos. Além disso, facilita a absorção e a transferência de outros nutrientes e macromoléculas, como o açúcar e o fósforo, com a planta e serve de co-fator para várias enzimas.

Enxofre (S): desempenha um papel vital no desenvolvimento, saúde e sistema imunitário das plantas, dando-lhes a capacidade de se defenderem de factores de stress bióticos e abióticos. É um componente de numerosas enzimas, protoplastos e desempenha um papel na energia das células vegetais. integração com os aminoácidos cisteína e metionina. Enquanto o enxofre é muito móvel no solo, é apenas um pouco móvel nas plantas, o que causa deficiências nos tecidos que estão apenas a começar a crescer **(Dhok, 2020).**

4.1.2. Elementos de micronutrientes:

Estes são os componentes básicos que, em pequenas quantidades, a planta necessita. O pH do solo tem um impacto significativo na disponibilidade e concentração dos micronutrientes. O ferro (Fe), o zinco (Zn), o cobre (Cu), o boro (B), o manganês (Mn), o molibdénio (Mo), o cloro (Cl) e o níquel (Ni) são os elementos essenciais deste grupo **(Johnson e Mirza 2020).**

Ferro (Fe): Para que uma planta possa realizar processos metabólicos críticos como a fotossíntese, a respiração celular, o metabolismo lipídico, a replicação, a regulação genética, o transporte de electrões e a fixação de azoto, o ferro (Fe) é o quarto nutriente mais necessário. A sua insuficiência manifesta-se primeiro nas folhas mais jovens, uma vez que é um componente chave de várias proteínas, enzimas e elementos estruturais e funcionais das mitocôndrias, vacúolos e cloroplastos.

Manganês (Mn): Manganês (Mn): Tal como o ferro, o manganês está envolvido numa série de actividades metabólicas, incluindo a produção de ATP, a glicosilação, a tolerância ao stress e a eliminação de ERO. Serve de cofator para uma série de enzimas, incluindo o aglomerado metaloenzimático do complexo de evolução do oxigénio (OEC) no fotossistema II, piruvato carboxilase, superóxido dismutase, arginase e glutamina sintetase **(Dhok, 2020).** .

Boro (B): Este elemento é crucial para o crescimento das sementes, a frutificação, a floração e o metabolismo do açúcar. Além disso, contribui para o processo de lignificação, a biossíntese da parede celular, a fertilidade e o ciclo do azoto. Desempenha também um papel importante na absorção de nitratos e na fixação do azoto. De acordo com **Johnson e Mirza (2020)**, o boro está envolvido nos mecanismos de defesa de uma planta.

Zinco (Zn): Um elemento importante necessário para os melhores processos fisiológicos e bioquímicos de uma planta é o zinco (Zn). Controla o mecanismo de defesa da planta, activando enzimas antioxidantes como a glutationa redutase, a peroxidase e a superóxido dismutase, que protegem os lípidos e as proteínas da membrana celular dos danos oxidativos. Além disso, através do controlo da remobilização de fotoassimilados, o zinco desempenha um papel fundamental no crescimento e reprodução dos grãos **(Dhok, 2020).**

Cobre (Cu): Outro micronutriente extremamente importante para o crescimento das plantas é o cobre (Cu), que controla uma série de processos metabólicos e bioquímicos, como o metabolismo das paredes celulares e as vias de sinalização durante a transcrição. Além disso, o cobre afecta o tráfico de proteínas, a mobilização do ferro, o metabolismo do azoto e a síntese do cofator molibdénio. Desempenha um papel importante na respiração, na fotossíntese e na síntese proteica.

Molibdénio (Mo): O molibdénio, ou Mo, é um componente essencial de muitas proteínas e enzimas que estão particularmente envolvidas na fixação do azoto nas plantas, tais como as que regulam as enzimas nitrogenase e nitrato redutase, bem como a Mocobiosíntese **(Dhok, 2020).**

Cloro (Cl): A estabilidade do potencial de membrana, a excitabilidade eléctrica e o gradiente de pH intracelular dependem do cloro (Cl), que é necessário devido à sua natureza contra-aniónica (fluxos de Cl-). Tem um impacto significativo na osmorregulação e na manutenção do turgor celular. Também controla a atividade de várias enzimas citoplasmáticas e está envolvido na fosforilação e no processo fotossintético.

Níquel (Ni): Ativador de várias enzimas, entre as quais a urease e a Ni-urease para o metabolismo do azoto ureico. O Ni desempenha um papel crucial na tolerância ao stress. Tem também um impacto significativo no metabolismo dos iões **(Dhok, 2020).**

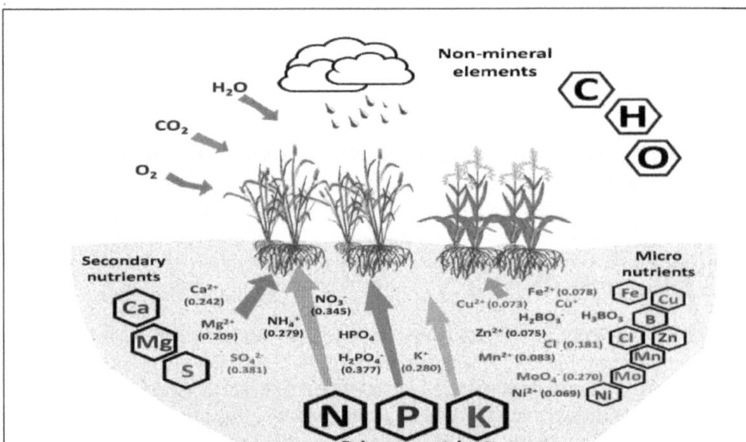

Fig. 10. Available forms of essential nutrient elements for plant uptake and growth. Numbers in brackets indicate the hydrated radius (nm) of plant-available ionic species (Khatri, and Bhateria 2023)

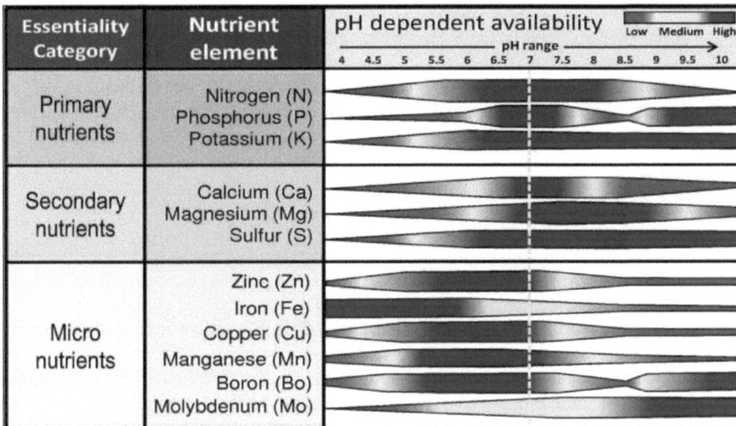

Fig. 11. Essential plant nutrients and their availability based on the soil reaction (pH) (Bhardwaj *et al.*, 2022)

4.2. Deficiências de nutrientes

4.2.1. Deficiências de nutrientes no milho (Fig. 12.)

Azoto (N): As plantas de milho verde-amareladas com caules espigados apresentam sintomas de deficiência de azoto (Fig. 12), que começam nas folhas mais velhas e progridem para cima da planta. Esta condição é favorecida por solo frio ou saturado, solo seco, resíduos com baixo teor de azoto, solo arenoso, fertilização inadequada e tempo quente. **(John Sawyer 2004).**

Fósforo (P): visível nas plantas jovens de milho, provocando um crescimento mais lento e mais pequeno. Os sintomas desaparecem quando as plantas atingem um metro ou mais de altura. A deficiência é favorecida por solos frios, fósforo aplicado onde as raízes não o podem absorver, solos compactados e raízes feridas por insectos, herbicidas, fertilizantes ou cultivo (Fig. 12) **(Johnson e Mirza 2020).**

Deficiência de potássio (K): no milho ocorre quando os níveis de potássio da planta são baixos, causando amarelecimento e necrose da margem da folha. Os sintomas aparecem normalmente na fase de crescimento V6, 4 a 6 semanas após a plantação. Se a deficiência persistir, os sintomas progridem ao longo da planta. Casos graves podem fazer com que as folhas mais velhas fiquem amarelas, enquanto as folhas novas superiores permanecem verdes. Esta doença aloja-se frequentemente no final da estação de crescimento devido à fraca resistência do caule.

Cálcio (Ca): é raro no milho. Provoca o atrofiamento das plantas devido à imobilidade do cálcio na planta. O pH baixo do solo e os problemas de acidez, como níveis excessivos de alumínio solúvel e manganês, são mais prováveis de ocorrer antes do aparecimento dos sintomas de deficiência de cálcio. A deficiência de cálcio é favorecida por um pH do solo muito baixo, solos ácidos não limitados e altamente intemperizados, e magnésio e potássio elevados com cálcio muito baixo no complexo de troca catiónica **(Johnson e Mirza 2020).**

Magnésio (Mg): As folhas do milho incluem magnésio (Mg) amarelo a branco com folhas roxo-avermelhadas e manchas mortas. É móvel e desenvolve-se em áreas com precipitação moderada a forte em solos arenosos e ácidos. Altas taxas ou níveis de potássio no solo podem causar deficiências.

Enxofre (S): Quando as pequenas plantas de milho têm falta de enxofre, as folhas mais jovens desenvolvem clorose interveinal, atrofiamento, atraso na maturação e amarelecimento da folhagem são as consequências. Os solos arenosos ácidos e com pouca matéria orgânica são propícios a este défice. Quando as condições do solo melhoram o suficiente para que o enxofre seja mineralizado a partir da matéria orgânica ou para que as raízes do milho alcancem o sulfato disponível para as plantas no perfil do solo, os sintomas do início da estação podem desaparecer. Há também a possibilidade de clorose interveinal (Fig.

12) **(Johnson e Mirza 2020)..**.

As folhas mais velhas **de molibdénio (Mo)** ficam necróticas na ponta, ao longo dos bordos e entre as nervuras se ocorrer um défice. O pH extremamente baixo do solo é favorável a esta condição.

Boro (B): a deficiência de boro no milho é rara, causando folhas quebradiças, redução das borlas e rebentos da espiga. O milho é sensível ao fertilizante de boro, que pode causar toxicidade se aplicado em taxas elevadas ou em linhas. A deficiência é favorecida pela seca, por solos arenosos com baixo teor de matéria orgânica e pelo pH elevado do solo. A seca reduz a libertação de boro, mas a falta de água atrasa a emergência dos rebentos da espiga e a polinização, o que leva a sintomas que podem ocorrer em simultâneo e ser confundidos.

Cobre (Cu): a insuficiência no milho é invulgar e resulta em folhas estriadas, folhas amarelas e pontas mortas. O caule é frágil e frágil, e as margens das folhas mais velhas podem necrosar. Solos orgânicos com alto teor de matéria orgânica e pH (acima de 7,5) favorecem a carência de cobre.

Deficiência **de ferro (Fe)**: uma doença pouco frequente no milho, resulta em manchas interveinais ao longo das folhas superiores que são de verde claro a quase branco. Uma vez que o milho necessita de pouco ferro, só ocorre em solos com pH elevado, o que a torna pouco frequente. Os solos frios, húmidos, pouco arejados e os solos calcários com um pH superficial elevado são propícios à carência de ferro **(Johnson e Mirza 2020)**.

Manganês (Mn): a deficiência nas plantas resulta em folhas verde-azeitona, ligeiramente estriadas, ou folhas severamente alongadas, castanhas, deterioradas e a cair. Esta condição é favorecida por um pH elevado do solo, solos arenosos ricos em matéria orgânica e solos de turfa ou lama, uma vez que o manganês é relativamente imóvel nas plantas.

Zinco (Zn): a carência de zinco no milho provoca a perda de luz interveinal e o atrofiamento das plantas devido ao encurtamento dos entrenós. O zinco é imóvel e pode causar "botões brancos" nas folhas novas. As plantas ultrapassam frequentemente a deficiência de zinco, exceto se esta for grave. A deficiência de zinco é favorecida pelo pH elevado do solo, baixa matéria orgânica, solo fresco e húmido e aplicações elevadas de fertilizantes com fósforo (Fig. 14) **(Tsonev e Lidon 2012).**

Nitrogen deficiency

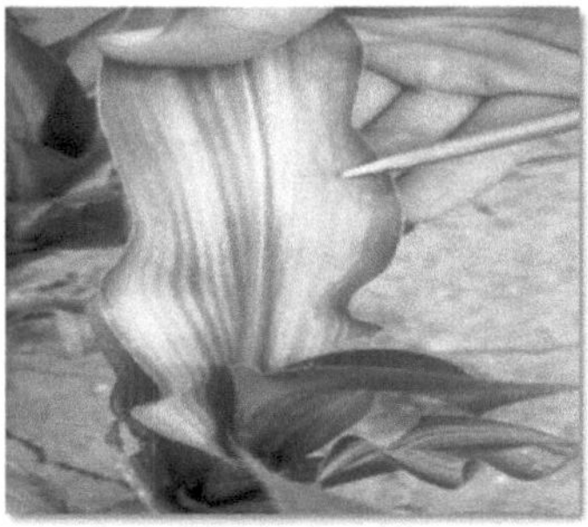

Zinc deficiency | Calcium deficiency

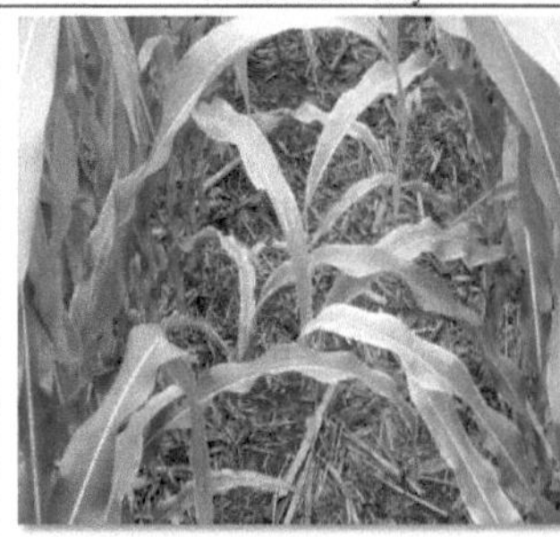

Potassium deficiency

Fig. 12. Nutrients deficiency (N,Zn, Ca and K) **(Johnson and Mirza 2020).**

Sulfur deficiency

Iron deficiency	Magnesium deficiency
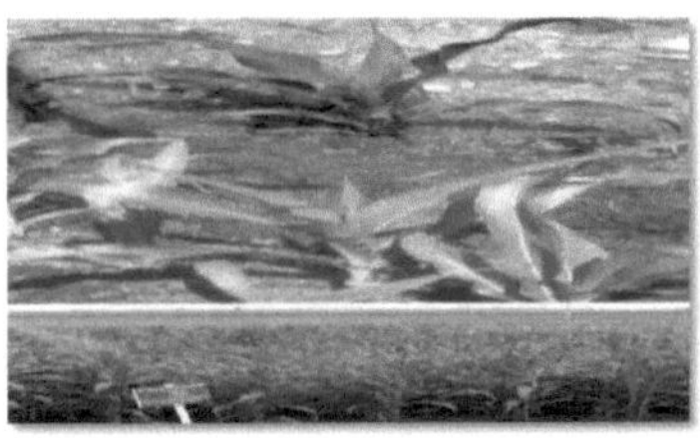	
Phosphorus deficiency	Manganese deficiency

Cont. Fig. 12. Nutrients deficiency (S, Fe, Mg, P and Mn) **(Johnson and Mirza 2020).**

4.2.2. Deficiência de nutrientes na soja (Fig. 13):

Potássio (K): As folhas da soja que são deficientes tornam-se amarelas das extremidades para o interior. Os sintomas aparecem primeiro nas folhas mais velhas e mais baixas, mas em situações extremas, podem danificar todas as folhas, exceto as mais recentes.

Ferro (Fe): A deficiência de ferro da soja é tipicamente observada em plantas jovens, com sintomas que aparecem nas folhas superiores mais jovens, tornando-se amarelas, mas mantendo as nervuras verdes. Esta condição é predominante em solos com pH elevado e em solos calcários.

Molibdénio (Mo): Uma vez que o molibdénio (Mo) é necessário para o processo simbiótico de fixação do azoto e só se desenvolve em solos ácidos e muito degradados, a sua ausência nas plantas de soja é indicativa de um défice de azoto **(John Sawyer, 2004).** .

4.2.3. Deficiência de nutrientes na luzerna (Fig. 14):

Molibdénio (Mo): a deficiência em luzerna reduz o crescimento, causando plantas pálidas ou verdes claras devido ao seu papel essencial na fixação do azoto, normalmente encontrado em solos ácidos.

Potássio (K): a deficiência nas folhas de luzerna resulta em pequenos pontos nos folíolos superiores, que aumentam em tamanho e número, amarelecimento, secagem e queda das folhas inferiores.

Boro (B): a falta de boro leva a entrenós mais curtos no topo da planta, o que dá à planta um aspeto de cacho ou de arbusto. É comum confundir as lesões nas folhas novas com as lesões causadas pelo fungo, uma vez que estas se tornam amarelas e, por vezes, apresentam uma tonalidade rosa-púrpura avermelhada. As folhas pequenas não mudam de verde. Solos com pouca matéria orgânica e condições secas são propícios à deficiência de boro **(Johnson e Mirza 2020).**

4.2.4. Deficiência de nutrientes no trigo (Fig. 15):

Azoto (N): Plantas verde-amareladas pálidas com expansão lenta e menor desenvolvimento de perfilhos são o resultado de um défice de elementos. Plantas verde-claras com estandes finos e crescimento mais lento são o resultado de um défice persistente. Fósforo (P): Uma carência deste elemento provoca um povoamento fino, reduzindo o crescimento das primeiras plantas e a formação de perfilhos. As folhas mais novas são incolores, mas as mais velhas apresentam pontas e bordos roxo-avermelhados. As plantas com falta de fósforo desenvolvem-se mais lentamente e são mais pequenas do que as plantas que têm fósforo suficiente.
Potássio (K): A falta de K provoca o amarelecimento e a necrose das margens e das pontas das folhas, começando pelas folhas inferiores. Se não for efectuado tratamento, os sintomas alastram pela planta à medida que o potássio se transfere das folhas maduras para as folhas em desenvolvimento **(Johnson e Mirza 2020).**

Fig. 13. Nutrients deficiency (K and Fe) in Soybean **(Johnson and Mirza 2020).**

Potassium deficiency | Molybdenum deficiency

Boron deficiency

Fig. 14. Nutrients deficiency in Alfaalfa (K and Fe) **(Johnson and Mirza 2020).**

Nitrogen deficiency | Phosphorus deficiency

Fig. 15. Nutrients deficiency in Wheat (N and P) **(Johnson and Mirza 2020).**

5. Fertilização

Um fertilizante, que pode provir de várias fontes, é uma substância natural ou sintética que é aplicada ao solo ou aos tecidos vegetais para fornecer nutrientes vitais para o desenvolvimento das plantas.

Os fertilizantes são produtos químicos, naturais ou sintéticos, que são pulverizados nas folhas das plantas ou misturados com o solo para fornecer um ou mais nutrientes para apoiar a nutrição das culturas **(Rana *et al.*, 2021)**.
"OU "Os fertilizantes são substâncias químicas que são dadas às culturas para aumentar o seu rendimento. "OU "Os fertilizantes são compostos que precisam de ser adicionados ao solo para compensar a ausência de elementos cruciais necessários ao crescimento das plantas.

5.1 Desenvolvimento de fases de aplicação de fertilizantes

1- A aplicação de fertilizantes sofreu uma transformação significativa nos últimos anos devido aos avanços da ciência e da tecnologia e a uma maior sensibilização para os impactos ambientais e económicos.

2- Os avanços na tecnologia agrícola estão a remodelar a forma como aplicamos os fertilizantes.
3- A transformação é facilitada pelos avanços em GPS, VRT, deteção remota, nanotecnologia, satélite, sensores, modelos baseados em dados, gestão de cadeias de blocos, aplicações móveis, software e maquinaria automatizada.
4- Estas tecnologias com dados recolhidos integram e analisam o relatório em tempo real para aplicação final com precisão.
5- Estas tecnologias, quando integradas, permitem uma precisão baseada em dados na aplicação de fertilizantes, com o objetivo de maximizar a produtividade das culturas, minimizando simultaneamente os impactos negativos no ambiente, o que verifica o custo do cultivo com um aumento do rácio rendimento/adubo aplicado **(Kaviyarasan *et al.*, 2024)**

5.2. Métodos de aplicação de fertilizantes

Os métodos de aplicação de fertilizantes, incluindo os métodos tradicionais, como a aplicação manual de estrume e de resíduos de culturas, são utilizados há séculos para melhorar a fertilidade do solo e promover o crescimento das culturas. No entanto, estes métodos resultam frequentemente numa distribuição desigual dos nutrientes, tal como referido por **(Kumawat *et al.*, 2023).**

5.2.1. ***Radiodifusão****:*

O método consiste em espalhar uniformemente fertilizantes orgânicos e inorgânicos num campo, utilizando ferramentas simples como uma pá ou um espalhador, enquanto a difusão é um método económico mas menos preciso.

5.2.2. *Aplicação em sulco ou em sementeira:*

O método consiste em cavar sulcos no solo e colocar fertilizante perto da linha de plantação, semeando depois sementes ou plântulas diretamente sobre o fertilizante. Este método é mais direcionado e conserva o fertilizante, mas pode não ser tão preciso como as práticas modernas **(Kumawat *et al.*, 2023).**

5.2.3. *Cobertura:*

A adubação de cobertura é uma técnica em que os fertilizantes são aplicados à superfície de culturas estabelecidas, frequentemente utilizada para adubar lateralmente o milho e outras culturas que necessitam de nutrientes adicionais durante a estação de crescimento.

5.2.4. *Colocação da banda:*

Os fertilizantes são estrategicamente colocados abaixo da superfície do solo, perto da zona radicular da cultura, para uma absorção eficiente dos nutrientes e para minimizar o contacto com a folhagem, melhorando assim o crescimento da cultura.

5.2.5. *Colocação de sementes:*

As práticas agrícolas envolvem a colocação de pequenas quantidades de fertilizante diretamente na cova de plantação ou no sulco durante a sementeira, fornecendo nutrientes perto das raízes emergentes, mas exigindo um controlo cuidadoso para evitar danos **(Kumawat *et al.*, 2023).**

5.2.6. *Sistema de fertirrigação*

Um sistema ou procedimento que combina irrigação (a segunda parte da palavra) e fertilização (a primeira metade) é chamado de fertirrigação. Usando um sistema de irrigação por gotejamento, a fertilização é o processo de aplicação de nutrientes, além da água de irrigação, com o objetivo de aumentar a produtividade da cultura e a eficiência do uso de fertilizantes (Ranjan e Sow, 2021). Práticas de gestão de culturas, como a fertilização, têm muitas vantagens, incluindo custos mais baixos, menos poluição, menos erosão do solo, menos vazamento de fertilizantes, uso otimizado da água e desenvolvimento mais rápido das raízes. A irrigação por gotejamento aumenta muito a produção das culturas e melhora a eficiência do uso de nitrogênio e água, abordando as entradas de água e fertilizantes (**Surendran e Chandran 2022).**

No sistema de fertirrigação são utilizados diferentes tipos de injectores de fertilizantes, como os injectores automáticos e os depósitos básicos. Os produtos químicos podem ser distribuídos através dos sistemas de rega utilizando dois métodos principais: bombas injectoras e depósitos fechados tradicionais. A maioria das bombas injectoras são tanques fechados instalados na linha de derivação que são alimentados por bombas de pistão ou venturi. O injetor é suportado pelo tubo Venturi e tem de haver um diferencial de pressão entre a entrada e a saída.

A pressão da água no sistema pode ser utilizada para acionar bombas de pistão instaladas diretamente na linha de abastecimento **(Taha, 2022).** As condutas estanques asseguram a transferência de água da albufeira para jusante, de modo a ajudar a baixar o nível da albufeira e/ou a manter o caudal mínimo biológico necessário a jusante. No caso de pequenas barragens e albufeiras, as condutas estanques servem normalmente como tomadas de água para determinados utilizadores, principalmente para irrigação **(Tanchev, 2014)**. A eficiência da aplicação de fertilizantes aumentou e pode poupar-se mais água de irrigação. Estamos gratos pelos avanços no equipamento e nas diretrizes de gestão para a irrigação por fluxo ascendente.

5.2.7. ***Pulverização foliar:***

A aplicação de nutrientes diretamente nas folhas das plantas através da pulverização foliar permite-lhes absorver os nutrientes vitais em alturas de stress, escassez de nutrientes ou aumentos súbitos de nutrientes. Diminui as perdas, mas precisa de ser aplicado com cuidado e atenção. Os microelementos, os fertilizantes solúveis em água e a nano ureia são alguns exemplos de factores de produção que reduzem os rendimentos e os preços. A dose de aplicação modesta, a absorção mais rápida de nutrientes e a menor poluição ambiental da fertilização foliar tornam-na popular.

5.3. Avanços tecnológicos nas aplicações de fertilizantes

As tecnologias avançadas, incluindo a inteligência artificial (IA), a Internet das Coisas (IoT), a localização global, a tecnologia de taxa variável, a deteção remota, a análise de dados, os testes de solos, as parcerias microbianas e a nanotecnologia são utilizadas na aplicação de fertilizantes de precisão **(Raj *et al.*, 2022).**

Os dados em tempo real sobre a saúde das culturas e os défices de nutrientes são possíveis graças aos avanços na tecnologia de sensores, drones e fotografia por satélite. Os injectores de fertilizantes são um exemplo de equipamento automatizado que garante um fornecimento preciso de nutrientes à zona das raízes.
Cada campo é cartografado com precisão por sistemas de posicionamento global (GPS) e as culturas são nutridas de forma sustentável por fertilizantes de libertação controlada. A agricultura de precisão beneficia da aplicação de fertilizantes graças a estas melhorias tecnológicas.

5.3.1. Sistemas de Posicionamento Global (GPS)

O GPS ajuda a fornecer informações geográficas precisas e em tempo real para o mapeamento dos campos, o que permite aos agricultores adotar técnicas de agricultura de precisão, optimizando a aplicação de fertilizantes **(Pandey *et al.*, 2021).** O GPS é uma ferramenta vital na agricultura, permitindo a aplicação precisa de fertilizantes, reduzindo o desperdício e o impacto ambiental. Os agricultores podem criar mapas pormenorizados, identificar variações no solo e ajustar as taxas de fertilizantes para corresponder às necessidades específicas de nutrientes. Isto não só aumenta o rendimento das culturas, como também conserva recursos, reduz custos e minimiza o risco de fertilização excessiva. O GPS permite que os agricultores tomem decisões baseadas em dados, melhorando a eficiência e a sustentabilidade da agricultura moderna.

5.3.2. Tecnologia de taxa variável

Um avanço significativo no domínio da aplicação de fertilizantes é a tecnologia de taxa variável (VRT) **(Mohan *et al.*, 2021).** Com a VRT, os agricultores podem aplicar

fertilizantes nos seus campos exatamente de acordo com as necessidades. Esta técnica gera mapas personalizados de aplicação de fertilizantes utilizando informações de fontes como a monitorização do rendimento, fotografia de satélite e testes de solo. Ao ajustar a taxa de aplicação de fertilizantes em tempo real, o equipamento equipado com VRT pode garantir a melhor distribuição possível de nutrientes em todo o campo.
O VRT não só maximiza o rendimento e a qualidade das culturas, como também reduz o impacto ambiental, minimizando a aplicação excessiva e o escoamento de nutrientes. Oferece uma abordagem agrícola sustentável e económica, permitindo aos agricultores maximizar a eficiência dos recursos e minimizar o desperdício. Os sistemas VRT permitem aos agricultores implementar uma aplicação de fertilizantes personalizada e específica para cada local, melhorando a produtividade agrícola e a proteção ambiental.

5.3.3. Deteção remota e drones

As imagens aéreas e os drones são utilizados para monitorizar a saúde das culturas e as deficiências de nutrientes através da captura de imagens e dados de alta resolução a partir de cima dos campos **(Raza *et al.*, 2023).** Estes dados fornecem informações valiosas sobre o estado das culturas, ajudando os agricultores a tomar decisões informadas. **Devi *et al.*, (2020)** explicaram como os drones com sensores especializados podem detetar mudanças de cor das plantas e identificar áreas com deficiências de nutrientes, infestações de pragas ou doenças. Esta informação pode ser utilizada para implementar acções específicas, como a fertilização precisa ou a aplicação de pesticidas, conduzindo a uma melhor saúde das culturas, a rendimentos mais elevados e a práticas agrícolas sustentáveis. A utilização de imagens aéreas e drones na agricultura é essencial para monitorizar a saúde das culturas, identificar deficiências de nutrientes e permitir a tomada de decisões informadas através de imagens de alta resolução, NDVI, monitorização rápida e frequente, aplicação de nutrientes por zonas, deteção de pragas e eficiência de custos.

5.3.4. Tecnologia de satélite na aplicação de fertilizantes

Ao utilizar a deteção remota e o processamento de dados, a tecnologia baseada em satélites ajuda a agricultura, avaliando as condições do campo e melhorando a distribuição de fertilizantes **(Campolo *et al.*, 2022).** A agricultura de precisão é possível graças aos satélites, que fornecem informações em tempo real sobre a saúde das culturas, a humidade do solo e as condições meteorológicas. As decisões sobre a aplicação de fertilizantes baseiam-se nestes dados, o que reduz o desperdício e aumenta o rendimento das culturas. Também ajuda na deteção precoce de problemas como deficiências de nutrientes, pragas ou doenças, permitindo intervenções atempadas. A tecnologia de satélite apoia práticas agrícolas sustentáveis, reduzindo o impacto ambiental através da aplicação precisa de nutrientes. Inclui deteção remota, imagens multi-espectrais, indicadores de vegetação, dados meteorológicos e climáticos, previsão de rendimento, cartografia dos limites dos campos, deteção precoce e integração de dados.

5.3.5. Aplicação de fertilizantes com base em sensores

Morchid *et al.* (2023) introduziram a aplicação de fertilizantes baseada em sensores, que utiliza dados em tempo real sobre as condições do solo e das culturas para otimizar a utilização de nutrientes, minimizar a fertilização excessiva, reduzir o desperdício e melhorar o rendimento e a qualidade das culturas. Esta abordagem é uma componente essencial da agricultura de precisão, promovendo uma gestão eficiente dos recursos e práticas agrícolas sustentáveis. Os sensores fornecem informações sobre os níveis de nutrientes, o teor de humidade e outros factores, garantindo uma aplicação precisa dos nutrientes.

5.3.6. Sistemas de apoio à decisão baseados em dados

Para fornecer informações precisas sobre a aplicação de fertilizantes, os sistemas de apoio à decisão baseados em dados aproveitam os dados em tempo real de sensores, testes de solo e registos históricos (Beriya e Saroja, 2019). Estes sistemas analisam estes dados para criar planos de nutrientes personalizados, optimizando o tipo, a taxa e a colocação de fertilizantes. Esta abordagem aumenta a eficiência da utilização de nutrientes, reduz o desperdício e melhora o rendimento e a qualidade das culturas. A análise de dados, a inteligência artificial e a aprendizagem automática são cruciais para otimizar as estratégias de aplicação de fertilizantes na agricultura.

5.3.7. Injectores de Fertilizantes Automatizados

Os injectores de fertilizantes automatizados são cruciais na agricultura para a distribuição precisa de fertilizantes nos sistemas de irrigação. Misturam e distribuem fertilizantes em tempo real, assegurando uma aplicação uniforme e exacta dos nutrientes às culturas. Estes injectores melhoram a gestão dos nutrientes e a eficiência dos recursos nas práticas agrícolas, de acordo com **Abdalla *et al.* (2022).**

5.3.8. Cadeia de blocos e rastreabilidade nas cadeias de abastecimento de fertilizantes

A tecnologia Blockchain está a ser utilizada nas cadeias de abastecimento de fertilizantes para criar um registo transparente e inviolável do percurso dos fertilizantes desde a produção até aos utilizadores finais. Esta tecnologia permite que as partes interessadas rastreiem as origens, a qualidade e a distribuição de fertilizantes, aumentando a responsabilidade e garantindo a qualidade e a segurança do produto. A implementação da cadeia de blocos nas cooperativas agrícolas garante transparência, rastreabilidade, melhoria da qualidade dos produtos, prevenção de fraudes e resolução rápida de problemas, beneficiando tanto os agricultores como as cooperativas.

5.3.9. Integração de equipamentos de precisão

A integração de equipamentos de precisão na agricultura aumenta a eficiência, a precisão e a gestão de recursos. Tecnologias avançadas como tractores guiados por GPS **(Pandey *et al.*, 2021),** drones, sensores e maquinaria automatizada permitem aos agricultores tomar decisões baseadas em dados, otimizar as operações e melhorar o rendimento e a produtividade das culturas. Por exemplo, uma grande exploração de trigo utiliza tractores modernos com tractores guiados por GPS e sensores de solo para obter dados em tempo real. A tecnologia de taxa variável (VRT) **(Mohan *et al.*, 2021)** é utilizada para aplicar fertilizantes com precisão, optimizando os níveis de nutrientes.

5.3.10. Inovações em Fertilizantes de Libertação Controlada (CRFs)

Os fertilizantes de libertação controlada (CRF) são nutrientes especializados para plantas que libertam nutrientes durante um período mais longo, normalmente vários meses, em comparação com os fertilizantes convencionais que libertam nutrientes rapidamente. Isto permite que as plantas recebam um fornecimento constante de elementos essenciais, reduzindo a frequência de aplicação e minimizando o risco de fertilização excessiva e os seus efeitos ambientais negativos. O CRF está disponível em várias formas, incluindo formulações de fertilizantes granulados, comprimidos e revestidos, e pode ser fabricado com materiais como polímeros, ceras e resinas. Ao direcionar o desenvolvimento das plantas para a fase desejada, o CRF é uma forma ecológica de melhorar a produção agrícola. De acordo com (**Vejan** ***et al.*****, 2021)**, os fertilizantes de libertação controlada não são amplamente utilizados na agricultura comercial devido ao seu elevado custo, à fraca eficácia na libertação de nutrientes e aos polímeros sintéticos que são maioritariamente derivados do petróleo. Os fertilizantes de libertação controlada oferecem inúmeros benefícios, incluindo a melhoria da saúde das plantas, o aumento da eficiência, a redução dos resíduos e a redução do risco de lixiviação e de contaminação das águas subterrâneas. São habitualmente utilizados na agricultura comercial, paisagismo, estufas e ambientes de cultivo interior. No entanto, uma utilização incorrecta pode levar a uma fertilização excessiva ou insuficiente, afectando o crescimento e a saúde das plantas. Ao fornecer um fornecimento consistente de nutrientes vitais durante um longo período de tempo, estes fertilizantes de libertação lenta minimizam a necessidade de aplicações frequentes.

5.3.11. Aplicações móveis e software para aplicação de fertilizantes de precisão

As aplicações móveis e o software para aplicações de aplicação de fertilizantes de precisão são ferramentas digitais que ajudam os agricultores a planear, monitorizar e gerir a aplicação de fertilizantes com precisão **(Raviraja** ***et al.*****, 2022)**. Estas aplicações oferecem navegação guiada por GPS, planos de nutrientes personalizados, análise de dados em tempo real e manutenção de registos, permitindo aos agricultores otimizar a utilização de nutrientes, reduzir o desperdício e aumentar o rendimento das culturas de uma forma fácil e conveniente.

5.3.12. Robôs Fertilizantes e Máquinas Autónomas

Máquinas e robôs autónomos **(Karunathilake** ***et al.*****, 2023**), equipados com sensores, GPS e sistemas orientados por IA, estão a revolucionar a agricultura, permitindo uma aplicação precisa de fertilizantes. Estas tecnologias podem analisar dados em tempo real, ajustar as taxas de aplicação e otimizar a distribuição de nutrientes, melhorando assim o rendimento das culturas, a eficiência dos recursos e a sustentabilidade ambiental nas práticas agrícolas modernas.

5.3.13. Espalhadores de fertilizantes inteligentes

As inovações tecnológicas nos distribuidores de fertilizantes incluem capacidades de taxa variável e sistemas de dados integrados **(Karunathilake** ***et al.*****, 2023**). A tecnologia de taxa variável permite o ajuste preciso das taxas de aplicação de fertilizantes com base nas condições do campo, optimizando a utilização dos recursos. Os sistemas de dados integrados recolhem e analisam informações em tempo real para decisões baseadas em dados, melhorando a eficiência, a precisão e a sustentabilidade da aplicação de fertilizantes na agricultura.

6. Nanotecnologia e fertilização

Os agroquímicos, em particular os fertilizantes, foram cruciais na revolução verde dos anos 60, tal como a adoção de técnicas agrícolas intensivas que aumentaram significativamente o rendimento das culturas (Shebl *et al,* **2019)** . O aumento da intensidade das culturas e da utilização de fertilizantes aliviou a fome na Ásia e em África, mas também conduziu a uma diminuição da eficiência dos nutrientes, a deficiências de micronutrientes, à deterioração dos solos e a danos ambientais. A urbanização e as mudanças sociais estão a esgotar os recursos naturais primários, impedindo o crescimento da agricultura na era pós-revolução verde **(Meselhy *et al.,* 2021).**

A fertilização química sintética, apesar das elevadas perdas, satisfaz eficazmente as necessidades globais de nutrientes das culturas para satisfazer as necessidades alimentares da população em crescimento até 2050.

Os agricultores abusam dos fertilizantes químicos sintéticos devido à pressão e aos custos subsidiados, causando danos ambientais como emissões de gases com efeito de estufa, eutrofização da água, contaminação das águas subterrâneas e distorção do ciclo biogeoquímico. A aplicação de fertilizantes de forma enviesada leva à deficiência de micronutrientes essenciais.

O crescimento, a produção e a qualidade nutricional dos alimentos são afectados negativamente por desequilíbrios no solo. Um défice de nutrientes minerais vitais pode afetar cerca de dois terços da população mundial, abrangendo tanto os países industrializados como os países em desenvolvimento. A nível mundial, existem atualmente 720-811 milhões de indivíduos subnutridos, prevendo-se que este número aumente para 840 milhões até 2030 **(Astaneh *et al.,* 2021).**

A necessidade urgente de melhorar a tecnologia de utilização de nutrientes, incluindo a melhoria da natureza e dos métodos de aplicação dos fertilizantes, é crucial para erradicar a fome no mundo e aumentar a eficiência da utilização, pelo que a comunidade agrícola necessita de melhorias que estabeleçam um equilíbrio entre o respeito pelo ambiente e a relação custo-eficácia.

A nanotecnologia oferece potencial para melhorar a eficiência da absorção e a aplicação de precisão, revolucionando potencialmente o sector agrícola para a utilização de agroquímicos. A nanotecnologia concebe entidades ultra-pequenas que variam entre 1-10 nm, representando a zona de transição entre átomos ou moléculas individuais, exibindo uma reatividade e propriedades físico-químicas extraordinárias em comparação com os materiais a granel. A elevada relação entre a área superficial e o volume das nanopartículas (NPs) melhora as respostas químicas e físicas, tornando-as eficazes na investigação e desenvolvimento de fertilizantes. Esta tecnologia aborda os desafios da exploração indiscriminada dos recursos naturais enfrentados pela indústria e pelas comunidades agrícolas **(Meselhy *et al.,* 2021).**

7. Nano-fertilizantes e aplicação foliar

A perda significativa de recursos resulta da perda de macro nutrientes convencionais, incluindo N, P e K, em 40-70%, 80-90% e 50-90% das aplicações no solo. Os nanofertilizantes têm um custo baixo, baixa contaminação ambiental, elevada utilização de nutrientes e libertação controlada. O estudo dos nanofertilizantes é muito promissor para melhorar a produção mundial de alimentos, uma vez que constituem um substituto rentável e ecológico dos fertilizantes tradicionais.

Para plantas maiores, a alimentação foliar é uma técnica comum devido à sua baixa dosagem de aplicação, rápida absorção de nutrientes e pouco impacto ambiental. Este estudo aborda a ênfase atual na fertilização foliar e nos nanofertilizantes na agricultura, enfatizando o seu potencial para melhorar a qualidade e a produtividade das culturas, reduzir os efeitos do sal, dos metais pesados e do stress da seca, e dar uma visão geral das muitas utilizações da pulverização foliar **(Ding *et al.*, 2023).**

7.1 Tipos de nanofertilizantes de acordo com os tipos de elementos

7.1.1 Nanofertilizantes de macronutrientes

Para que as plantas se desenvolvam com sucesso, são essenciais macro nutrientes como o azoto, o fósforo, o potássio, o cálcio, o enxofre, o magnésio, o carbono, o oxigénio e o hidrogénio. O azoto é particularmente vital para a produção de clorofila e para a fotossíntese.

Nitrogénio

Num estudo que avaliou os efeitos dos fertilizantes de ureia e cloreto de nano-nitrogénio (NNC) na produção de cana-de-açúcar e na drenagem de nitratos, os investigadores descobriram que o NNC aumentou a altura do caule, diminuiu a lixiviação de nitratos e aumentou a produção de açúcar **(Alimohammadi *et al.*, 2020).**

Potássio

De acordo com **Gosavi *et al.* (2017),** o potássio é um nutriente importante, uma vez que ajuda na síntese de biomoléculas e na ativação de enzimas. De acordo com **Ajirloo *et al.*, (2015)**, o nanopotássio é mais eficaz na zona das raízes, onde melhora a absorção de azoto, cálcio, magnésio e fósforo. Também promove o desenvolvimento de raízes e rebentos. O teor de clorofila do amendoim aumentou muito após a aplicação do tratamento foliar com mono potássio **(Afify *et al.*, 2019)**. O fosfato de di-amónio (DAP) foi revestido com nanopartículas (NPs) de ferrite de potássio por Saleem et al. em 2021 (NPs KFeO2). Uma investigação baseada em rochas e fertilizantes de fósforo derivados de fosfato de cálcio observou que a hidroxiapatite ($Ca10\ (PO_4)6(OH)_2$) é solúvel em diferentes quantidades, dependendo de factores como o pH, a força iónica, a relação Ca/P, o tamanho das nanopartículas, etc. **(Tang e Fei, 2021)** . Quando aplicados, a eficácia do fornecimento de nutrientes quase aumentou, de 23,44% para o fósforo de cálcio para 46,21% para os fertilizantes de nanofósforo.

Foram efectuadas várias investigações para avaliar os efeitos dos nanofertilizantes de magnésio em culturas como as cavalinhas e as leguminosas. As nanopartículas de óxido de magnésio (MgO) foram investigadas por **Anand *et al.* (2020)** num esforço para melhorar a germinação de sementes de feijão mungo *(Vigna radiata* L.). Utilizando a abordagem de co-precipitação, as nanopartículas de MgO foram produzidas a partir de Turbinaria ornata, uma alga castanha marinha. Comparando os métodos padrão de hidroprimação com sementes de feijão mungo nano-primadas com MgO (100 mg.L^-1), os resultados mostraram uma melhoria na germinação de sementes (%). De acordo com **Cai *et al.* (2018)**, as nanopartículas de óxido de magnésio aumentam a síntese de clorofila produzindo radicais livres que podem ser estabilizados por uma enzima antioxidante.

Enxofre

O crescimento do amendoim é acentuadamente aumentado por nanopartículas de enxofre e enxofre convencional; quando nanopartículas de enxofre são aplicadas, a absorção de enxofre é maior do que a do enxofre convencional; a raiz, o broto, o kernel e a casca, respetivamente, absorvem 0,43, 30,6, 8,37 e 2,15 mg planta-1 de enxofre **(Thirunavukkarasu *et al.*, 2018).** O crescimento da planta e outros impactos são afetados pela aplicação de macronutrientes, como nitrogênio, potássio, fósforo, magnésio e enxofre, a uma determinada cultura, dependendo da planta ou meio de teste, concentração e forma iônica.

7.1.2 Micronutrientes Nano-fertilizantes:

Quando insuficientes, os micronutrientes como o ferro, o boro, o cloro, o manganês, o zinco e o cobre podem causar perturbações fisiológicas nas plantas. Uma vez que o ferro estimula a produção de ARN, a atividade enzimática, a fotossíntese e outros processos, é considerado um nutriente único para as plantas (Mushtaq et al, **2020)** .

Ferro : Um dos elementos mais prevalecentes na Terra é o ferro. No entanto, devido à sua dependência do pH do solo, a sua acessibilidade às plantas é limitada **(Alidoust e Isoda 2013).** Níveis baixos de ferro provocam um desenvolvimento atrofiado, menos folhas e um teor mais baixo de clorofila. Para evitar causar toxicidade nas plantas e no ambiente circundante, os investigadores estão a concentrar-se nas dosagens ideais enquanto investigam os nanofertilizantes de ferro.

Está provado que o nanofertilizante de óxido de ferro (Fe_3O_4) reduz a acumulação de chumbo e cádmio nas plantas de coentros. Serviu como um antibacteriano e proliferador **(Fahad *et al.*, 2014). Hassan (2015)** examinou a forma como as caraterísticas morfológicas e bioquímicas de Zea mays foram afectadas por nanobastões de óxido de ferro produzidos química e biologicamente. Foi demonstrado que, quando aplicados a uma dose média, os nanomateriais produzidos quimicamente reduziram o desenvolvimento, mas os nanomateriais gerados biologicamente apresentaram um crescimento ótimo em doses baixas e médias. Os resultados mostram que a acumulação de NFs à volta da raiz é o que causa os efeitos prejudiciais de uma concentração elevada de NFs **(Izadiyan *et al.*, 2020).**

Zinco **:** Para o crescimento das pessoas, dos animais e das plantas, o zinco é considerado essencial. As suas qualidades antibacterianas são bastante impressionantes. Awan e colegas (2021) No estudo foram observados aumentos na germinação de sementes, comprimento da raiz, comprimento do rebento, contagem de folhas, altura da planta e superfície quando (ZnO-NFs) produzido a partir de solução de sulfato de zinco e extrato de semente preta foi aplicado a plantas de brócolos.

Boro: O micronutriente boro (B) melhora o crescimento das flores e a produção de frutos nas plantas estimulando o desenvolvimento das paredes celulares, dos grãos de pólen e o alongamento dos tubos **(Davarpanah *et al.*, 2016).** Os resultados do estudo mostraram que as plantas de feijão-mungo *(vigna radiata* L.) tratadas com nanopartículas de boro tiveram um aumento considerável na altura da planta, no número de vagens por planta e na produtividade geral das sementes.

Silício. O elemento mais prevalente na crosta terrestre, o silício, demonstrou impedir os factores de stress bióticos e abióticos, tornando-o essencial para o crescimento das plantas. Ao libertar silício, fornecer enzimas de defesa antioxidantes e regular o teor de o2 e H2O2 nas folhas, o nanofertilizante de quitosana-silício aumenta a produtividade das culturas de milho **(Kumaraswamy *et al.*, 2021; Tereshchenko *et al.*, 2017).** Um estudo sobre o efeito das nanopartículas de dióxido de silício em monocotiledóneas de aveia e luzerna sem casca revelou uma maior resistência à infeção.

Cobre. Quando comparadas com materiais de cobre a granel, as nanopartículas de cobre mostraram uma melhor eficiência nutricional. As nanopartículas de cobre são micro nutrientes críticos que incluem proteínas e enzimas necessárias para o desenvolvimento das plantas. De acordo com **Nguyen *et al.* (2022),** a preparação de nanopartículas de cobre controla eficientemente a resposta ao estresse hídrico no milho, reduzindo o acúmulo de espécies reativas de oxigênio (ROS) e aumentando as atividades das enzimas em ambientes secos. De acordo com o estudo de ***Kasana et al. (2017)***, as nanopartículas de cobre biossintetizadas demonstraram resultados promissores na luta contra doenças de plantas, mas é necessária mais investigação para compreender plenamente o seu potencial para aumentar a produtividade no campo.

7.2 Nano-fertilizantes de acordo com a aplicação:

7.2.1 aplicação no solo

As reacções do solo alteram as propriedades físico-químicas das nanopartículas, afectando a absorção pelas plantas. O excesso de fósforo não é absorvido pelas plantas devido à ligação química, enquanto os exsudados radiculares podem afetar as propriedades da superfície das nanopartículas, impedindo a absorção radicular **(Usman *et al.*, 2022; Aviles *et al.*, 2021).**

7.2.2 Preparação das sementes

Enquanto a tecnologia de nano-priming de sementes emprega nanopartículas para promover a germinação, o crescimento e a resiliência, o priming de sementes requer pré-experimentação para vários lotes de sementes. Esta nova linha de estudo minimiza as perdas e os efeitos no ambiente, mas para evitar consequências negativas, a formulação e a concentração devem ser cuidadosamente escolhidas **(Neto *et al.*, 2020).** Como a área de preparação de sementes ainda está em sua infância, mais pesquisas são necessárias para compreender completamente como as nanopartículas (NPs) funcionam como agentes para o pré-tratamento de sementes e para criar métodos abrangentes de entrega de NP.

7.2.3 Aplicação foliar

Em comparação com a fertilização do solo, a fertilização foliar é mais direcionada, utiliza menos fertilizante e permite um consumo eficiente de nutrientes para reduzir os níveis de poluição no ambiente **(Ruelas *et al*, 2021)** . Ao fornecer imediatamente nutrientes ao órgão pretendido, a pulverização foliar atenua as consequências deletérias do stress **(Niu *et al.*, 2020).** Devido à sua aplicação mais fácil e menos dispendiosa, aos sintomas de toxicidade mais baixos e à taxa de aplicação progressiva, os nanofertilizantes foliares são ambientalmente seguros para utilização no campo. Estão a tornar-se cada vez mais reconhecidos como uma abordagem sustentável à gestão das plantas, resolvendo problemas como a perda excessiva de fertilizantes e restrições ambientais na distribuição de nutrientes **(Rossi *et al.*, 2019).**

8. Via de penetração dos nanofertilizantes nas plantas

Um método barato e eficiente de gestão das culturas é a fertilização foliar, que protege as plantas de pragas, doenças e perda de água, permitindo simultaneamente as trocas gasosas durante a fotossíntese (**Avellan *et al.,* 2021).** Na superfície de uma folha, estão normalmente presentes tricomas, estomas e poros do floema.

As nanopartículas (NPs) são absorvidas pela folhagem de duas formas diferentes: através da via da cutícula, que permite que as NPs mais pequenas passem através do canal cuticular, e através da via estomática, que permite que as NPs maiores entrem através dos estomas (Fig. 16) .

Pensa-se que os canais estomáticos são mais eficientes na absorção de nanopartículas devido à sua elevada densidade. Uma vez absorvidos pelos estomas, os NF são transportados através da planta pelo floema. As nanopartículas podem ser libertadas pelas células do floema diretamente para o floema ou através dos interstícios celulares (Wu e Li 2022). As caraterísticas físicas, ambientais e da planta afectam a eficiência com que os nanofertilizantes são absorvidos (Fig. 17)

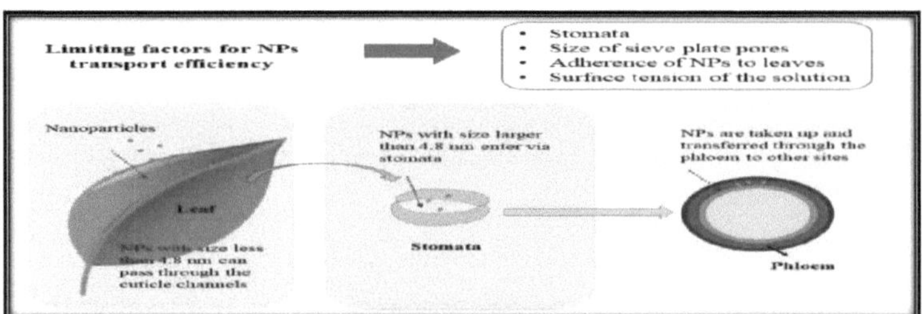

Fig. 16. Pathways into plants for foliar application of nanoparticles and influencing factors (Ding *et al.*, 2023)

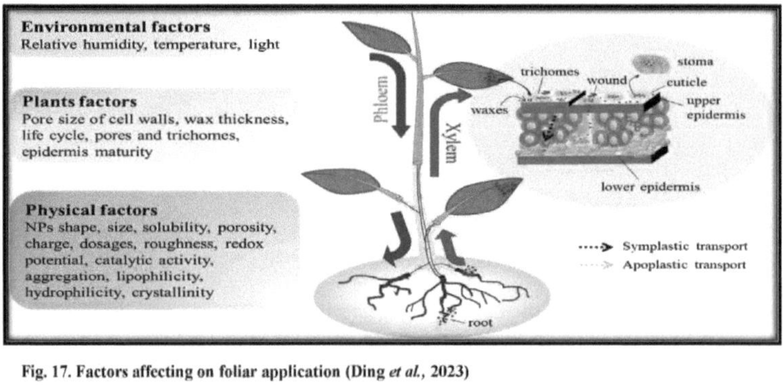

Fig. 17. Factors affecting on foliar application (Ding *et al.*, 2023)

9. Efeito da aplicação foliar de nano-fertilizantes

Geralmente, a pulverização foliar pode ser usada em conjunto com outras pulverizações, como pesticidas, e ajuda na rápida restauração de deficiências nutricionais. - A pulverização foliar pode ser aplicada quando estão presentes condições adversas como a doença da podridão radicular, a seca, etc. - Também pode ser administrada quando não há humidade suficiente na parte superior do solo para as raízes das plantas absorverem os nutrientes. - A pulverização foliar é benéfica quando o solo é deficiente em nutrientes. - Pode ser pulverizado quando se pretende uma resposta de crescimento rápido. - Ajudará durante a fixação elevada de P e K. - Redução do uso de fertilizantes; melhoria da produção e da qualidade do rendimento (Fig. 18)

Por outro lado, os nanofertilizantes foliares estão a ser cada vez mais utilizados na agricultura devido às suas propriedades únicas, que aumentam a eficiência da utilização de nutrientes **(Mathur *et al.*, 2022).** Os nanofertilizantes facilitam a libertação controlada de nutrientes para o local de destino, minimizando as perdas e assegurando uma entrega eficiente e controlada de nutrientes **(Shebl *et al.*, 2019).** Os nanofertilizantes, devido ao seu pequeno tamanho, oferecem uma absorção e retenção superiores em comparação com os fertilizantes convencionais (**Seleiman *et al.*, 2020).** Os nanofertilizantes melhoram os indicadores fisiológicos e bioquímicos das plantas, como a taxa fotossintética e a eficiência de absorção de nutrientes, ao mesmo tempo que melhoram o sistema de defesa da planta (**Verma, *et al.*, 2022).**
A investigação demonstrou que as nanopartículas de zinco (NF) têm caraterísticas físico-químicas melhoradas e afectam favoravelmente o desenvolvimento das plantas e a germinação das sementes. Os nanofertilizantes de enxofre melhoram a produção e a qualidade do arroz, ao mesmo tempo que reduzem a toxicidade do arsénio. Hu e colegas descobriram que nanopartículas com baixo teor de TiO2 melhoram a qualidade nutricional das plantas sem causar stress oxidativo, indicando que são mais eficazes do que os fertilizantes convencionais **(Meselhy *et al.*, 2021; Hu *et al.*, 2020)**

Com o objetivo de satisfazer as necessidades das espécies superiores, a fertilização foliar é uma técnica mais eficaz do que a fertilização do solo. Para evitar perdas de nutrientes, os fertilizantes pulverizados foliarmente oferecem níveis mínimos de exposição, são repetíveis e podem ser aplicados no tempo com base nas condições climatéricas. As plantas beneficiam da pulverização foliar, uma vez que esta permite uma absorção mais rápida dos nutrientes do que o tratamento no solo (**Mumivand *et al.*, 2021; Ahmed *et al.*, 2021).**

9.1 Parâmetros de crescimento

• Ao impulsionar a atividade meristemática, os processos metabólicos e a disponibilidade de nutrientes, os nanofertilizantes melhoram os processos fisiológicos e bioquímicos das culturas. Marimuthu e Surendran (2015) propuseram que a pulverização foliar de nano-formulações de NPK e micronutrientes melhorou a altura das plantas e os ramos da grama preta.

• **Abdel-Aziz et al. (2018)** verificaram que a fácil absorção de gás através dos estomas do nano-NPK aumenta a disponibilidade de nutrientes e, consequentemente, o desenvolvimento das folhas de trigo.

• De acordo com **Tarafdar *et al.* (2014),** a utilização de nanofertilizante de zinco no milheto aumentou consideravelmente o comprimento dos rebentos, o comprimento das raízes, a área das raízes e a biomassa seca. O peso fresco e seco das culturas de algodão aumentou em resultado da melhoria dos processos fisiológicos, incluindo a atividade antioxidante e o teor de clorofila **(Rezaei e Abbasi, 2014).**

• Ao aumentar a absorção de azoto, as actividades de foto-redução, a eliminação da cadeia de transporte de electrões e a fotorredução do fotossistema II, a pulverização foliar de nTiO2 aumentou a produção de matéria seca das plantas. **(Morteza e colegas, 2013).**
• **Janmohammadi *et al.* (2016)** descobriram que, embora os factores genéticos governem predominantemente esta caraterística, a aplicação foliar de nTiO2 não afectou substancialmente o número de perfilhos viáveis na cevada.

• Observou-se que a altura da planta, a área foliar, o índice de colheita, o comprimento da espiga, o peso do grão, a percentagem de descasque, o rendimento biológico, o rendimento do grão e o índice de colheita das plantas de milho aumentaram com a pulverização foliar de 1% de B **(Bayar et al., 2024).**

• O complemento de proteção contra o stress abiótico (ASPC) e as aplicações de aminoácidos aplicados topicamente podem melhorar o metabolismo da cana-de-açúcar, o rendimento e a qualidade do líquido. Esta abordagem melhora o rendimento das culturas, reduzindo o stress hídrico e aumentando a produção de energia e a atividade das enzimas antioxidantes **(Jacomassi *et al.*, 2024).**

9.2. Rendimento Colheita e qualidade

• A aplicação foliar de nanofertilizantes pode melhorar a produção e a qualidade das culturas, bem como a eficiência com que os fertilizantes são utilizados. Pode também, em certa medida, atenuar os impactos desfavoráveis.

• Ao aumentar a atividade da α-amilase, as nanopartículas de prata aumentaram a taxa de desenvolvimento de sementes no arroz *(Oryza sativa)* **(Kumar & Nagesh 2019).**

• De acordo com os resultados, a aplicação de NPK+ Zn NPs alterou consideravelmente o rendimento do grão e da palha, bem como os atributos de rendimento, as composições químicas da planta de arroz e as caraterísticas de moagem **(Elekhtyar e AL-Huqail 2023).**

• A utilização de fertilizantes no solo e a aplicação foliar de uma mistura de N, P, K e Zn + nanofertilizante de ureia mostrou-se benéfica para aumentar a altura da planta, o número de perfilhos por planta, o número de grãos por planta, o rendimento de grãos e o rendimento de palha.

• A composição química dos grãos de trigo pode ser melhorada através da aplicação de fertilizantes de nano quitosano-NPK (acumulação de hidratos de carbono). Tanto quanto sabemos, o solo argilo-arenoso foi o tipo de solo ideal, e a menor concentração (Nano 10) produziu os melhores grãos de trigo. Deve ser feita mais investigação para determinar o processo exato pelo qual a aplicação de fertilizante de nano-quitosano melhora a qualidade dos grãos de trigo, com foco na segurança da sua utilização por humanos **(Abdel-Aziz *et al.*, 2018).**

• O zinco (Zn), um importante micronutriente, é necessário para muitas enzimas antioxidantes e tem um impacto significativo na fisiologia das plantas, incluindo a produção de proteínas, DNA e RNA. Numerosas pesquisas foram realizadas sobre os benefícios da aplicação de nanofertilizantes à base de zinco nas culturas por pulverização foliar **(Kolencik *et al.*, 2019).**

• O tratamento com NPs de ZnO não revelou qualquer toxicidade, ao passo que o tratamento com NPs de TiO2 parece ter potencial para ser prejudicial. Por outro lado, o rendimento do girassol e os parâmetros nutricionais foram melhorados por ambos os tratamentos **(Kolencik *et al.*, 2020).**

• É evidente que a aplicação de nanofertilizantes de Zn por via tópica melhora o rendimento das culturas, a qualidade, a quantidade de nutrientes e os parâmetros fisiológicos, sem qualquer possibilidade de toxicidade; no entanto, deve notar-se que diferentes plantas podem exigir diferentes concentrações óptimas.

• O desenvolvimento e a produtividade das plantas de milho foram melhorados pela aplicação foliar de nanofertilizantes de quitosana-sílica, que também aumentou a capacidade de defesa antioxidante das plantas e o teor de clorofila **(Kumaraswamy *et al.*, 2021).**

• A aplicação de pulverização foliar de NPs de MgO aumentou a altura e o número de folhas das plantas de algodão **(Kanjana 2020),** tendo também um impacto substancial no teor de clorofila e no rendimento das plantas.

• Como resultado, pode concluir-se que a utilização de nanofertilizantes por via tópica em determinadas doses demonstrou melhorar a qualidade das plantas, o rendimento e o teor de clorofila; no entanto, a concentração da aplicação deve ser cuidadosamente considerada.

• Foi observado um aumento da fotossíntese e do vigor das plantas quando as culturas de soja foram tratadas com o fertilizante foliar Agro Argentum Forte. Isso sugere que a composição do fertilizante, que inclui nitrogênio, potássio e nanoprata, interage com os cloroplastos durante um período de dois anos para melhorar a eficiência da produtividade da cultura **(Barda *et al.*, 2023).**

• Os nutrientes em pequena escala aumentaram a produção de grãos de canola; o maior rendimento foi observado em plantas tratadas com 1,5 g de sulfato de manganês e 1 g de sulfato de ferro por mil **(Pourjafar *et al.*, 2016).**

• A aplicação tópica de formas de Si como nano (N-Si) ou tradicional (T-Si) a 750 ppm/L em conjunto com 14 cm3/L de humato de potássio (K-H) em fases relevantes de crescimento consecutivo, tanto vegetativo como reprodutivo (perfilhamento, formação de primórdios de panícula e cabeçalho completo), é considerada uma forma essencial de aumentar o crescimento da cultivar de arroz Giza 178, o que, por sua vez, ajudou a aumentar os parâmetros de qualidade do grão e a produtividade **(El-Kallawy *et al.*, 2023).**

• A aplicação de 50% de RDN e 100% de P e K através do solo + duas pulverizações foliares de nano-N @ 0,4% resultou numa altura de planta visivelmente maior, no número de cápsulas por planta, no conteúdo total de clorofila do peso fresco e seco, e no rendimento de sementes de linho no grão e na palha. **Khule & associados (2023).**

• Um tratamento foliar de 500 ppm de nano ZnS 55 dias após a semeadura aumentou muito a produção de sementes de girassol. Devido à sua grande área de superfície em relação ao volume, o nano ZnO demonstrou ser mais eficiente no aumento da produtividade e absorção de Zn **(Khanm *et al.*, 2018).**

9.3. Mitigação do stress ambiental

• Ao reduzir as espécies reactivas de oxigénio (ROS), que causam stress nas culturas, a utilização de nanopartículas pode melhorar a capacidade das plantas para resistir ao stress. Em Arabidopsis thaliana, estas PNC (nanoceria de ácido poliacrílico) reduzem os níveis de ROS, acelerando simultaneamente a taxa fotossintética **(Wu *et al.*, 2017).**

• Um dos principais factores abióticos que limitam a produtividade agrícola a nível mundial é reconhecidamente a salinidade. O stress salino altera o estado da água, inibe o crescimento, reduz a biomassa e degrada a clorofila. Para que a indústria agrícola aumente o rendimento das culturas, são essenciais técnicas mais ecológicas de mitigação do stress salino.

-Os nanofertilizantes podem atenuar diferentes stresses ambientais para melhorar a produtividade das culturas. Em geral, existem dois tipos de stress, ou seja, o abiótico (50-70%) e o biótico (40-60%), que resultam no declínio da produtividade das culturas.

• Enquanto as bactérias, os vírus, os fungos e outros microrganismos constituem o stress biótico, o stress abiótico inclui o stress térmico, as inundações, a seca e o sal. As plantas que sofrem este tipo de stress podem ser geridas pela aplicação de vários anti-stressores, tais como estrigolactonas **(Hussain *et al.*, 2017),** rizobactérias (PGPR) **(Khan *et al.*, 2020)** e óxido nítrico **(Nabi *et al.*, 2019).** A atividade enzimática responsiva ao estresse foi suprimida em plantas de milho por nanosílica, o que também aumentou o equilíbrio metabólico de proteínas, clorofila e transportadores de parede celular.

• Os processos dos ecossistemas podem ser alterados pelos efeitos do stress ambiental. A destruição do equilíbrio ecológico pode potencialmente resultar em rendimentos agrícolas mais baixos, uma vez que perturba o equilíbrio dos habitats relacionados com a produção alimentar **(Mittal *et al.*, 2020).**

• Ao reforçar os sistemas antioxidantes enzimáticos e não enzimáticos, a aplicação foliar de nanofertilizantes de sílica pode aumentar consideravelmente a tolerância ao sal das plantas de trigo **(Hajihashemi e Kazemi 2022)** .

• De acordo com Perez-Labrada et al., a aplicação foliar de nanopartículas de Cu melhorou a capacidade da planta de resistir ao sal, aumentando a relação Na+/K+ e desencadeando processos antioxidantes **(Perez-Labrada *et al.*, 2019).**

• A aplicação foliar de NPs de Cs-Se aumentou a concentração de pigmentos fotossintéticos nas folhas, o que, por sua vez, aumentou a produção das plantas. Além disso, ao aumentar as actividades das enzimas SOD, POD e CAT, a administração de NPs de Cs-Se reduziu os danos oxidativos em condições de stress salino **(Sheikhalipour *et al.*, 2021).**

• Além disso, uma revisão revelou que a aplicação de NPs de Zn e ZnO aumentou o teor de proteínas e a capacidade antioxidante, reduzindo simultaneamente os impactos negativos do stress salino na produção e qualidade das culturas **(Ahmed *et al.*, 2022).**

• A aplicação de doses modestas de nanopartículas de TiO2 melhorou topicamente as propriedades de germinação do trigo , bem como os seus potenciais hídricos e osmóticos. Também aumentou a resistência das plantas ao stress salino **(Mustafa *et al.*, 2022).**

• A utilização de nanofertilizantes de silício tem vantagens na redução dos impactos do stress salino. Também é muito recente a utilização de nanopartículas de Si como revestimentos pulverizados com outras nanopartículas.

• Enquanto as NPs de ZnO-Si não apresentaram toxicidade para a planta em condições fisiológicas e até tiveram um efeito estimulante menor em concentrações mais elevadas, as NPs de ZnO em concentrações mais elevadas geraram alguns efeitos fitotóxicos. Uma tendência na redução do stress salino é a utilização foliar de nanofertilizantes.

• Vários estudos demonstraram que as NPs têm impactos benéficos nas plantas sob stress térmico, incluindo melhorias na capacidade fotossintética e na promoção do crescimento e desenvolvimento **(El-Saadony *et al.*, 2022).** A utilização de nanofertilizantes para reduzir os efeitos da seca, do stress salino e do stress causado por metais pesados.

• Numa situação de escassez de água, a aplicação de nanopartículas de ferro diminuiu os níveis de peróxido de hidrogénio, o que, por sua vez, diminuiu a peroxidação lipídica da Brassica napus (Palmqvist et al., 2017).

• As nanopartículas de óxido de zinco ajudaram as sementes de amendoim *(Arachis hypogaea)* a amadurecer mais rapidamente. De acordo com Rui et al. (2016), as nanopartículas de ferro aceleraram consideravelmente o crescimento das raízes das plantas de amendoim.

• Foram tentadas várias estratégias para melhorar a capacidade das plantas de resistir a estas diversas dificuldades ambientais. Devido à sua grande eficácia e libertação lenta, os nanofertilizantes tornaram-se uma opção prática para melhorar o desenvolvimento das culturas em condições adversas e diminuir os efeitos do stress ambiental **(Chen *et al.*, 2023).**

• O rendimento do grão de trigo foi melhorado com nanofertilizantes, aumentando a altura da planta, o comprimento da espiga e o número de grãos por espiga. Além disso, ao aumentar a atividade da enzima superóxido dismutase (SOD), atenuaram os efeitos negativos do défice hídrico (Ahmadian et al., 2021).

9.4. Stress provocado por metais pesados:

• Os metais pesados são absorvidos pelas plantas e acumulam-se nas culturas de cereais para consumo humano e animal, pondo seriamente em perigo o crescimento das culturas e a saúde humana **(Zhou *et al.*, 2022).**

- A aplicação de NPs de TiO2 na folhagem reduziu significativamente a quantidade de Cd no caule, o que diminuiu consideravelmente a toxicidade causada pelo Cd. Por outro lado, a aplicação de NPs de TiO2 no solo aumentou a absorção de Cd pelo milho em solos poluídos com Cd **(Lian *et al.*, 2020).**

- Uma série de investigações indicou que as plantas sob stress de metais pesados podem beneficiar da utilização de nanopartículas. A produtividade e a qualidade do arroz castanho são melhoradas pela aplicação foliar de NPs de Se e Si, o que diminui adicionalmente o stress metálico no arroz **(Zhou *et al.*, 2023).**

- Embora os metais pesados possam incentivar o enriquecimento de nanopartículas nas plantas, o que pode resultar em co-toxicidade e problemas de segurança alimentar, a pulverização foliar de nanofertilizantes pode diminuir a contaminação do solo por metais pesados **(Wang *et al.*, 2016) , (Ji *et al.*, 2017).**

- A pulverização foliar de NPs de ZnO melhorou a altura, a biomassa e a concentração de clorofila de
plantas de milho, reduzindo o nível de contaminação por Cd **(Rizwan *et al.*, 2019).**
Resistência pesada
aos metais no arroz foi aumentada utilizando nanofertilizantes à base de silício **(Wang *et al.*, 2016).**

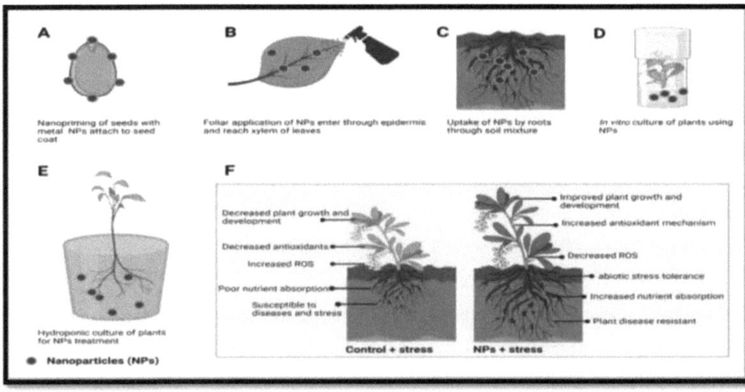

Fig. 18. Various techniques for applying NPs and how they affect plants' physiological responses in both stress and normal circumstances **(Balusamy *et al.*, 2023)**

10. Vantagens do nano-fertilizante:

Os fertilizantes são compostos - naturais ou sintéticos - que são pulverizados nas folhas das plantas ou misturados no solo para fornecer nutrientes para a nutrição das culturas **(Rana *et al.*, 2021).** Embora os fertilizantes sintéticos tenham o potencial de aumentar o crescimento das culturas, a sua eficiência é atualmente insuficiente para satisfazer as exigências da indústria agrícola **(Jakhar *et al.*, 2022).** A utilização excessiva de fertilizantes sintéticos aumenta os custos de produção e coloca o ambiente em perigo, o que é mau para o desenvolvimento de uma agricultura sustentável. Os nanofertilizantes melhoram a produção das culturas, melhoram a gestão da nutrição e oferecem melhores

1- 1. Ajuda ao crescimento das plantas em ambientes de stress **(Kalwani *et al.*, 2022).**
2- 2. Em comparação com os fertilizantes convencionais, os nanofertilizantes reduzem drasticamente a poluição ambiental, a eutrofização e a contaminação das águas subterrâneas quando aplicados em quantidades menores.
3- 3. Além disso, em comparação com os fertilizantes convencionais, os nanofertilizantes mantêm a sua fertilidade durante um período de tempo mais longo porque protegem os nutrientes da volatilização ou fuga **(Jakhar *et al.*, 2022).**
4- 4. Ao reduzir as taxas de aplicação de fertilizantes e ao fornecer nutrientes de uma forma direcionada e progressiva, os nanofertilizantes podem melhorar a eficiência do fornecimento de nutrientes (Verma et al., 2022).
5- 5. Em comparação com os fertilizantes convencionais, os nanofertilizantes aumentaram a absorção de micronutrientes em 18% e a absorção de macronutrientes em 29%.
6- Como os nanofertilizantes têm diâmetros entre 1 e 100 nm, são mais facilmente absorvidos pelas plantas, aumentando a produção global e a eficiência fisiológica da cultura **(Astaneh *et al.*, 2022)**
7- Em geral, os nanofertilizantes têm um grande potencial para a nutrição das plantas, uma vez que podem reduzir os custos de aplicação, aumentar o rendimento das culturas e reduzir a possibilidade de contaminação ambiental.

11. Calendário correto das aplicações foliares:

- **Condições adequadas das culturas**: Embora as culturas com stress hídrico reajam menos à alimentação foliar devido à redução das taxas de absorção e ao fraco vigor - especialmente quando plantadas com folhagem espessa - as culturas com elevada exigência de nutrientes respondem bem (Quadro 2).

- **Estágio de crescimento adequado:** A fertilização foliar é importante para o crescimento da cultura porque fornece os nutrientes necessários durante o período crítico que determina o potencial de rendimento, o que beneficia as fases de desenvolvimento pós-reprodutivo.

  - **Condições meteorológicas adequadas**: As condições meteorológicas, incluindo a hora do dia, a temperatura, a humidade e a velocidade do vento, têm um impacto significativo nas aplicações foliares. A permeabilidade do tecido vegetal é crucial para a absorção de nutrientes, sendo favorecidas as condições quentes, húmidas e calmas.

Quadro: 2: Condições meteorológicas adequadas para aplicações foliares (Alshaal e El-Ramady, 2017)

Time of Day:	Late evening; after 6:00 p.m. Early morning; before 9:00 a.m.
Temperature:	Low temperature 18-19^{0}C (Ideal 21^{0}C)
Humidity:	Greater than 70 % relative humidity
Wind speed:	less than 5 mph
Rainfall:	Within 24 to 48 hours after a foliar application may reduce the application effectiveness, as not all nutrient materials are immediately absorbed into the plant tissue

12. Precauções a tomar aquando da aplicação de pulverização foliar

- Se a concentração da pulverização for excessiva, terá um efeito de queimadura ou de formação de bolhas; - Para aumentar a eficiência, é necessário um agente de colagem^ Apenas pequenas quantidades de fertilizantes podem ser aplicadas através da aplicação foliar - A eficácia da aplicação foliar depende de factores meteorológicos como a temperatura, a humidade, a velocidade do vento - O custo de múltiplas aplicações pode ser proibitivo - Uma concentração elevada pode causar queimaduras foliares (Patil e Chetan 2016).

13. Resumo

Prevê-se que a população mundial atinja 8 mil milhões de pessoas até 2030, o que exige a cooperação de todas as instituições para satisfazer a crescente procura de alimentos. A melhoria dos tratamentos agrícolas, incluindo a aplicação de fertilizantes e o equilíbrio dos nutrientes, pode conduzir a uma produção máxima por unidade de superfície e a uma maior sustentabilidade.

A aplicação foliar supera as limitações da disponibilidade de nutrientes e reduz a poluição ambiental. A agricultura inteligente utiliza tecnologias modernas para aumentar a produção, maximizar a utilização de recursos e minimizar os impactes ambientais. A tecnologia da informação é utilizada em várias práticas agrícolas, incluindo a pré-plantação, a plantação, a transplantação, a fertilização, o controlo de ervas daninhas, a irrigação, a gestão de pesticidas, a colheita e as operações pós-colheita. A utilização da nanotecnologia em fertilizantes pode aumentar a eficiência da utilização de nutrientes, reduzir as perdas de nutrientes e melhorar a estabilidade do rendimento das culturas.

Os nanofertilizantes e a pulverização foliar são ferramentas cruciais para aplicações agrícolas inteligentes, uma vez que melhoram a qualidade das culturas, aliviam o stress biótico e abiótico e reduzem a poluição ambiental, apoiando uma produção alimentar global sustentável.

14. REFERÊNCIAS

Abdalla, Z. F., El-Sawy, S., El-Bassiony, A. E. M., Jun, H., Shedeed, S., Okasha, A. M., Bayoumi, Y., El-Ramady, H., & Prokisch, J. 2022. Fertilizantes inteligentes vs. Nano-fertilizantes: A Pictorial Overview. Ambiente, Biodiversidade e Segurança do Solo, 6, 191-204.

Abdel-Aziz, H. M. M., Hasaneen, M. N. A., Aya, M, O., 2018. A aplicação foliar de fertilizante NPK de nano quitosana melhora o rendimento das plantas de trigo cultivadas em dois solos diferentes. O Jornal Egípcio de Biologia Experimental (Botânica), 14 (1): 63-72.

Abiola, W. A., Diogo, R. V. C., Tovihoudji, P. G., Mien, A. K., Schalla, A. 2023. Tendências de pesquisa sobre fertilizantes inteligentes à base de biochar como uma opção para o manejo sustentável de terras agrícolas: Análise e revisão bibliométrica. Front. Soil Sci. 3:1136327. doi: 10.3389/fsoil.2023.1136327.

Abou Seeda, M. A., Abou El-Nour, E. A. A., Yassen A. A., Mervat, G. M., Zaghloul, S. M. 2020. Importância do enxofre e seus papéis na fisiologia das plantas: Uma revisão. Current Science International, 9 (2): 198-231. DOI: 10.36632/csi/2020.9.2.18.

Afify, R. R., El-Nwehy, S. S., Bakry, A. B., Abd El-Aziz, M. E. 2019. Resposta da cultura de amendoim *(Arachis hypogaea* L.) cultivada em solo arenoso recém-recuperado à aplicação foliar de nanofertilizante de potássio. Middle East J. Appl. Sci., 9 (1): 78-85.

Agrahari a, R. K., Kobayashia, Y., Sonam, T., Tanaka a, T., Pandab, S. K., Koyamaa,H. 2021. Gestão inteligente de fertilizantes: o progresso das tecnologias de imagem e a possível implementação de biomarcadores vegetais na agricultura. Ciência do Solo e Nutrição de Plantas. 67 (3): 248-258. https://doi.org/10.1080/00380768.2021.1897479

Ahmadian, K., Jalilian, J., Pirzad, A. 2021. Os nanofertilizantes melhoraram a tolerância à seca no trigo sob irrigação deficitária. Agric. Water Manag., 244: 106544.

Ahmed, R., Abd Samad, Y. M., Uddin, M. K., Quddus, M. A. Hossain, M. A. M. 2022. Tendências recentes na pulverização foliar de nutrientes de zinco e nanopartículas de óxido de zinco na produção de tomate. Agronomia, 11, 2074.

Ahmed, R., Abd Samad, Y. M., Uddin, M. K., Quddus, M. A., Hossain, M. A. M. 2021. Tendências recentes na pulverização foliar de nutrientes de zinco e nanopartículas de óxido de zinco na produção de tomate. Agronomia, 11, 2074.

Ajirloo, A. R., Shaaban, M., Motlagh, Z. R. 2015. Efeito do nano-fertilizante K e do biofertilizante N no rendimento e nos componentes do rendimento do tomate *(Lycopersicon esculentum* L.). Int. J. Adv. Biol. Biom. Res., 3(1): 138-143.

Alidoust, D., Isoda, A. 2013. Efeito das nanopartículas de γFe2O3 na caraterística fotossintética da soja *(Glycine max* (L.) Merr.): pulverização foliar versus alteração do solo. Ata Physiol. Plant., 35(12): 33653375.

Alimohammadi , M., Panahpoura, E., Naseria, A. 2020. Avaliando os efeitos dos fertilizantes de ureia e quelato de nano-nitrogênio na produção de cana-de-açúcar e na dinâmica do nitrato no solo. DOI: 10.1080/00380768.2020.1727298. Ciência do solo e nutrição de plantas. 2-10

Alshaal, T. e El-Ramady, H., 2017. Aplicação foliar: da nutrição vegetal à biofortificação. Ambiente, Biodiversidade e Segurança do Solo. (1) 2: 71-83.

Anand, K. V., Anugraga, A. R., Kannan, M., Singaravelu, G., Govindaraju, K. 2020. Nanopartículas de óxido de magnésio de bioengenharia como agente nano-priming para melhorar a germinação de sementes de grama verde e o vigor das mudas *(Vigna radiate* L.). Mater. Lett., 271: 127792.

Astaneh, N., Bazrafshan, F., Zare, M., Amiri, B., Bahrani, A. 2021. O nanofertilizante evita a poluição ambiental e melhora as caraterísticas fisiológicas do trigo cultivado em condições de stress hídrico. Sci. Agropecu, 12, 41-47.

Avellan, A., Yun, J., Morais, B. P., Clement, E. T., Rodrigues, S. M., Lowry, G. V. 2021. Revisão crítica: Papel das propriedades das nanopartículas inorgânicas na sua absorção foliar e translocação na planta. Environ. Sci. Technol., 55, 13417-13431.

Aviles, C. P., Huang, X. Keller, A. A. 2021. Dissolução e agregação de nanopartículas de óxido de metal em exsudatos de raiz e lixiviados de solo: implicações para a aplicação de nanoagroquímicos. Environ. Sci. Technol. 2021, 55, 13443-13451.

Awan, S., Shahzadi, K., Javad, S., Tariq, A., Ahmad, A., Ilyas, S. 2021. Um estudo preliminar da influência das nanopartículas de óxido de zinco nos parâmetros de crescimento de *Brassica oleracea* var italic. J. Saudi Soc. Agric. Sci., 20 (1): 18-24.

Balusamy, S. R., Abhayraj, S., Joshi, H, P., Mijakovic, I., Singh, P. 2023. Avanço da agricultura sustentável: uma revisão crítica das aplicações de nanomateriais inteligentes e ecológicos. *Journal of* Nanobiotechnology , 21:372.

Barda, M. Rusu,T., Russu, F., Imon, A., Chet, F., Ceclan, O. A., Rezi, R. A. Carbunar, M. M. 2023. Impacto da adubação foliar sobre os parâmetros fisiológicos, rendimento e índices de qualidade da cultura da soja. Agronomia. 13, 1287. Páginas 2-13. https://doi.org/10.3390/agronomy13051287 .

Bayar, J., Shah, Sh., Khan, W., Okla, M. K., Alwasel, Y. A., Saleh, I. A., AbdElgawad, H. Rahim, W., Iqbal, B., Jalal, A. 2024. A aplicação foliar de boro melhora o crescimento, o rendimento e a qualidade do grão de milho. Pol. J. Environ. Stud., 33 (3): 3079-3089.

Beig, B., Niazi, M. B. K., Sher, F., Jahan, Z., Malik, U. S., Khan, M. D., Américo-Pinheiro, J. H. P. 2022. Libertação controlada de fertilizantes sustentáveis com base na nanotecnologia. A review. Environmental Chemistry Letters, https://doi.org/10.1007/s10311-022-01409-w.

Beriya, A., Saroja, V. N. 2019. Tomada de decisões baseada em dados para uma agricultura inteligente. Documento de Trabalho ICT India #8, Série de Documentos de Trabalho CSD: Rumo a um novo modelo indiano de crescimento e desenvolvimento liderado pelas tecnologias da informação e da comunicação. Nova Iorque, EUA: Centro para o Desenvolvimento Sustentável, Instituto da Terra, Universidade de Columbia.

Bhardwaj, A. K., Geeta, A., Kumar, R., Hamed, L., Jasrotia, H. P., Kashyap, P. L., Singh, G. P. 2022.

Passagem aos nanonutrientes para sustentar os agroecossistemas e o ambiente: os desafios e benefícios da passagem da alimentação iónica à alimentação por partículas. Jornal de Nanobiotecnologia. 20:19 páginas 1:28.

Cai, L., Chen, J., Liu, Z., Wang, H., Yang, H., Ding, W. 2018. Nanopartículas de óxido de magnésio: agente antibacteriano agrícola eficaz contra Ralstonia solanacearum. Front.

Microbiol., 9, 790.cast usando dados de satélite LANDSAT e modelagem meteo-hidrológica. Agricultural Water Management, 212, 283-294.

Campolo, J., Ortiz-Monasterio, I., Guerena, D., Lobell, D. B. 2022. Avaliação da resposta do rendimento do milho ao fertilizante e ao solo no México usando abordagens terrestres e de satélite. Field Crop Res 276, 108393. https://doi.org/10.1016/_j.fcr.2021.108393.

Chen, S., Pan, Z. Y., Zhao, W. C., Zhou, Y. L., Rui, Y. K., Jiang, C., Wang, Y., White, J. C., Zhao, L. J. 2023. Engenharia de arroz resiliente ao clima usando uma estratégia de "treinamento de estresse" baseada em nanobioestimulante. ACS Nano 17, 10760-10773.

Chethan Babu, R. T. Fertilização foliar de nutrientes. Vol.2 Issue-6, FEB 2022. (e-ISSN: 2582-8223).

Coulibaly, T. P., Du, J., Diakité, D. 2021. Adoção de práticas agrícolas sustentáveis. Agricultura (Pofnohospoddrstvo), 67(4), 166 - 176. (http://creativecommons.org/licenses/by-nc-nd/4.0/).

Dara, S. K. 2019. O novo para-digma de manejo integrado de pragas para a era moderna. Journal of Integrated Pest Man-agement, 10 (1), 12. DOI:10.1093/jipm/pmz010.

Davarpanah, S., Tehranifar, A., Davarynejad, G., Abadía, J., Khorasani, R. 2016. Efeitos das aplicações foliares de nanofertilizantes de zinco e boro na produção e qualidade dos frutos da romã *(Punica granatum* cv. Ardestani). Sci. Hortic., 210: 57-64.

Devi, G., Sowmiya, N., Yasoda, K., Muthulakshmi, K., & Balasubramanian, K. 2020. Revisão sobre a aplicação de drones para monitoramento da saúde das culturas e pulverização de pesticidas e fertilizantes. J. Crit. Rev, *7* (6), 667-672.

Dhok, R. 2020. Efeito de vários elementos no crescimento das plantas. Nutrientes para plantas.223-227.

Ding, Y., Zhao, W., Zhu, G., Wang, Q., Zhang, P., Rui, Y. 2023. Tendências recentes em nanofertilizantes foliares: A Review. Nanomaterials, 13, 2906. https://doi.org/10.3390/nano13212906. Páginas: 1-13.

Elekhtyar, N. M., AL-Huqail, A. A., 2023. Efeito da aplicação foliar de Nanopartículas de Fósforo, Zinco e Silício juntamente com a Fertilização Mineral NPK no Rendimento e Composições Químicas do Arroz *(Oryza sativa* L.) Agricultura 13, 1061.

El-Kallawy, W. H., Abd El-Salam, R. M., Rabeh, H. A. Badawy, S. H. 2023. Impacto da aplicação foliar de nano-silício e humato de potássio na produtividade e qualidade da cultivar de arroz giza 178 nas condições do delta do norte. Menoufia J. Plant Prod., 8 (5): 85 - 104.

El-Saadony, M. T., Saad, A. M., Soliman, S. M., Salem, H. M., Desoky, E. M., Babalghith, A. O., El- Tahan, A. M., Ibrahim, O. M., Ebrahim, A. A. M., Abd El-Mageed, T. A. 2022. Papel das nanopartículas no aumento da tolerância das culturas ao estresse abiótico: A Comprehensive Review. Front. Ciência das Plantas, 13, 946717.

Fahad, S., Ahmad, M., Akbar Anjum, M., Hussain, S. 2014. O efeito da aplicação foliar de micronutrientes (B, Zn e Fe) no crescimento, floração e produção de cormos de gladíolo *(Gladiolus grandiflorus* L.) em solos calcários. J. Agric. Sci. Technol., 16 (7): 1671-1682.

Fawzy, Z. F., El-Sawy, S. M., Abd El- El-Bassiony, M. M., Jun, H., Shedeed, Sh. I., Okasha, A. M. Bayoumi, Y., El-Ramady, József Prokisch, H. 2022. Smart Fertilizers vs. Nano-fertilizers:

A Pictorial Overview. Env. Biodiv. Segurança do solo, Vol. 6, pp: 191 - 204.

Fawzy, Z. F., El-Ramady, H. 2022. Aplicações e desafios da agricultura inteligente para o desenvolvimento de uma agricultura sustentável. Env. Biodiv. Segurança do Solo, 6, 81 - 90. DOI: 10.21608/JENVBS.2022.135889.1175.

Gosavi, A. B., Deshpande, A. N., Maity, A. 2017. Identificação de desequilíbrios de nutrientes na romã (Cv. Bhagwa) em diferentes estágios fonológicos pelo sistema integrado de diagnóstico e recomendação. J. Plant Nutr., 40 (13): 1868-1876.https://doi.org/10.3390/agriculture13051061 p 1-18.

Gupta, M., Abdelsalam, M., Khorsandroo, S., Mittal, S. 2020. Segurança e privacidade na agricultura inteligente: desafios e oportunidades. IEEE Access, 8:34564-34584, 2020.
doi:10.1109/ACCESS.2020.2975142.

Hajihashemi, S., Kazemi, S. O potencial da aplicação foliar de dador de nanosilício encapsulado em nano-quitosano na melhoria do efeito adverso da salinidade na planta do trigo. BMC Plant Biol. 2022, 22, 148.

Haris, I., Fasching, A., Punzenberger, L. e Grosu, R. 2019. Ecossistema CPS/IoT: Sistema de agricultura vertical interior. Em 2019 IEEE 23° Simpósio Internacional de Tecnologias de Consumo (ISCT). IEEE, doi:10.1109/isce.2019.8900974.

Hu, J., Wu, X., Wu, F., Chen, W., White, J. C., Yang, Y., Wang, B., Xing, B., Tao, S., Wang, X. Potencial aplicação de nanopartículas de dióxido de titânio para melhorar a qualidade nutricional dos coentros *(Coriandrum sativum* L.) J. Hazard. Mater., 389, 121837.

Hussain, I., Singh, N. B., Singh, A., Singh, H., Singh, S. C. e Yadav, V. 2017. Aplicação exógena de nanoceria fitossintetizada para aliviar o estresse do ácido ferúlico em Solanum lycopersicum. Sci. Hortic., 214: 158-164.

Idoje G, Dagiuklas T, Iqbal, M, 2021. Inquérito sobre tecnologias agrícolas inteligentes: Challenges and issues. Computadores e Engenharia Eléctrica, 92, 107104. doi:10.1016/j.compeleceng.2021.107104.

Izadiyan, Z., Shameli, K., Miyake, M., Hara, H., Mohamad, S. E. B., Kalantari, K., Rasouli, E. 2020. Ensaio de citotoxicidade de nanopartículas de óxido de ferro sintetizadas mediadas por plantas usando extrato de casca verde de Juglans regia. Arab. J. Chem., 13 (1): 2011-2023.

Jacomassi, L. M., Pacola, M., Momesso, L., J. Viveiros, Júnior, O. A., Siqueira, G. F., Campos, M., Crusciol, C. A. 2024. Aplicação Foliar de Aminoácidos e Nutrientes como Ferramenta de Mitigação da Água

Stress and Stabilize Sugarcane Yield and Bioenergy Generation (Estresse e Estabilização da Produção de Cana-de-Açúcar e Geração de Bioenergia). *Plantas, 13,* 461.
https://doi.org/10.3390/plants13030461. 2-20.

Jakhar, A. M., Aziz, I., Kaleri, A.R., Hasnain, M., Haider, G., Ma, J., Abideen, Z. 2022. Nanofertilizantes: Uma tecnologia sustentável para melhorar a nutrição das culturas e a segurança alimentar. NanoImpact, 27, 100411.

Jerhamre, E., Carlberg, C.J.C., Zoest, V. 2022. Explorando a suscetibilidade da agricultura inteligente: Oportunidades e desafios identificados. Tecnologia Agrícola Inteligente. 2,

100026. https://doi.org/10.1016/j.atech.2021.100026.

Ji, Y., Zhou, Y., Ma, C., Feng, Y., Hao, Y., Rui, Y., Wu, W., Gui, X., Le, V. N., Han, Y. 2017. Toxicidade conjunta de TiO2 NPs e Cd para mudas de arroz: As NPs aliviaram a toxicidade do Cd e o Cd promoveu a absorção de NPs. Fisiologia Vegetal, Bioquímica, 110, 82-93.

Johnson, V. J., Mirza, A. 2020. Papel dos macro e micronutrientes no crescimento e desenvolvimento das plantas. Int.J.Curr. Microbiol.App.Sci. 9 (11): 576-587.

K. Sekaran, Meqdad, M. N., Kumar, P., Rajan, S., Kadry, S.. Sistema de gestão agrícola inteligente usando a internet das coisas. TELKOMNIKA Telecommun Comput El Control, Vol. 18, No. 3, junho de 2020: 1275 - 1284.

Kalwani, M., Chakdar, H., Srivastava, A., Pabbi, S., Shukla, P. 2022. Efeitos dos nanofertilizantes nas comunidades microbianas associadas ao solo e às plantas: Emerging trends and perspectives. Chemosphere, 287, 132107.

Kanjana, D. 2020. Aplicação foliar de nanopartículas de óxido de magnésio nas concentrações de elementos nutrientes, crescimento, parâmetros fisiológicos e de rendimento do algodão. J. Plant Nutr., 43, 30353049.

Kasana, R. C., Panwar, N. R., Kaul, R. K., Kumar, P. 2017. Biossíntese e efeitos das nanopartículas de cobre nas plantas. Environ. Chem. Lett., 15 (2): 233-240.

Khan, N., Ali, S., Tariq, H., Latif, S., Yasmin, H., Mehmood, A. Shahid, M. A. 2020. Estratégias de conservação de água e sobrevivência de plantas de rizobactérias sob stress de seca. Agronomia, 10 (11): 1683.

Khanm, H., Vaishnavi, B. A., Shankar, A. G. 2018. Ascensão da era do nanofertilizante: efeito de partículas de óxido de zinco em escala nano na germinação, crescimento e rendimento do tomate *(Solanum lycopersicum)*. Revista Internacional de Microbiologia Atual e Ciências Aplicadas. 7 (5):1861- 1871.

Khatri, A., Bhateria, R. 2023. Eficácia dos nanofertilizantes em relação aos fertilizantes químicos no aumento da produção agronómica. Natureza, Ambiente e Tecnologia da Poluição. Vol. 22, No. 2. pp. 767776.

Khattab, A., Abdelgawad, A., Yelmarthi, K. 2016. Conceção e implementação de um esquema IoT baseado na nuvem para a agricultura de precisão. Em Proceedings of 28th International Conference on Microelectronics (ICM), páginas 201-204, doi:10.1109/ICM.2016.7847850.

Khule, Y. R., Waghmare, M. S., Shelake, M. S., Boradkar, S. G., Chavan, A. L. 2023. The Pharma Innovation Journal. 12 (2): 3208-3211. Efeito da aplicação foliar de fertilizante nano-N no crescimento, rendimento e qualidade das sementes de linho *(linum usitatissimum* L.).

Kolencik, M., Ernst, D., Komar, M., Urik, M., Sebesta, M., Dobrocka, E., Cerny, I., Illa, R., Kanike, R., Qian, Y. 2019. Efeito da aplicação por pulverização foliar de nanopartículas de óxido de zinco nos parâmetros quantitativos, nutricionais e fisiológicos do milheto Foxtail *(Setaria italica* L.) em condições de campo. Nanomaterials. 9, 1559.

Kolencik, M., Ernst, D., Urik, M., Durisova, L., Bujdos, M., Sebesta, M., Dobrocka, E., Ksinan, S., Illa,

R . , Qian, Y. 2020. Aplicação foliar de baixas concentrações de dióxido de titânio e nanopartículas de óxido de zinco ao girassol comum em campo. Condições. Nanomateriais, 10, 1619.

Kumaraswamy, R. V., Saharan, V., Kumari, S., Chandra Choudhary, R., Pal, A., Sharma, S. S., Rakshit,

S . Raliya, R., Biswas, P. 2021.Chitosan-silicon nanofertilizer to enhance plant growth and yield in maize (*Zea mays* L.). Plant Physiol. Biochem., 159, 53-66.

Kumawat, L., Scholar, Kumar, A., Scholar, S., Kumar, N., Ram, H., & Samota, A. 2023. Capítulo -4 Abordagens modernas dos métodos de aplicação de fertilizantes e sua gestão.

Le Campion, F., Oury, X., Heumez, E., Rolland, B. 2020. Sistemas de agricultura convencional versus orgânica: dissecando comparações para melhorar as estratégias de melhoramento orgânico de cereais. Org. Agr. 10:6374 . https://doi.org/10.1007/s13165-019-00249-3 .

Lian, J., Zhao, L., Wu, J., Xiong, H., Bao, Y., Zeb, A., Tang, J., Liu, W. 2020. A pulverização foliar de nanopartículas de TiO2 prevalece sobre a aplicação de raízes na redução da acumulação de Cd e na mitigação da fitotoxicidade induzida por Cd- no milho (*Zea mays* L.). Chemosphere, 239, 124794.

Liu, Y. Ma, X. Shu, L. Hancke, G. P., Abu-Mahfouz, A. M. 2021. Da indústria 4.0 à agricultura 4.0: Estado atual, tecnologias facilitadoras e desafios de investigação. IEEE Transactions on Industrial Informatics, 17(6):4322-4334, doi:10.1109/tii.2020.3003910.

Marimuthu, S., Surendran, U. 2015. Efeito de nutrientes e reguladores de crescimento de plantas no crescimento e rendimento de grama preta em solos franco-arenosos da nova zona delta de Cauvery, Índia. Cogent Food and Agriculture, 1(1): 1010415.

Mathur, S., Pareek, S., Shrivastava, D. 2022. Nanofertilizantes para o desenvolvimento de uma agricultura sustentável. commun. Soil Sci. Plant Anal., 53, 1999-2016.

Meselhy, A. G., Sharma, S., Guo, Z., Singh, G., Yuan, H., Tripathi, R. D., Xing, B., Musante, C., White, J. C., Dhankher, O. P. 2021. O enxofre em nanoescala melhora o crescimento da planta e reduz a toxicidade e o acúmulo de arsênico no arroz *(Oryza sativa* L.). Environ. Sci. Technol., 55, 13490-13503.

Mitra, A., Vangipuram, S. L. T., Bapatla, A. K., Bathalapalli, E. V., Mohanty, S. P., Kougianos, E., Ray, Ch. 2022. Tudo o que queria saber sobre agricultura inteligente.

Mittal, D., Kaur, G., Singh, P., Yadav, K., Ali, S. A. 2020. Agricultura sustentável baseada em nanopartículas e ciência alimentar: Recent Advances and Future Outlook (Avanços recentes e perspectivas futuras). Front. Nanotechnol., 2, 579954.

Mohan, S. S., Ajay, A., Jayan, P. 2021. GPS e tecnologias baseadas em sensores na aplicação de fertilizantes de taxa variável.

Mumivand, H., Khanizadeh, P., Morshedloo, M. R., Sierka, E., Zuk-Golaszewska, K., Horaczek, T., Kalaji, H. M. 2021. Melhoria do crescimento, rendimento, produção de sementes e propriedades fitoquímicas de satureja khuzistanica jamzad por aplicação foliar de boro e zinco. plantas, 10, 2469.

Mushtaq, T., Shah, A. A., Akram, W., Yasin, N. A. 2020. Efeito sinérgico de nanopartículas de óxido de ferro e Bacillus subtilis S4 contra a toxicidade do arsénio em Cucurbita moschata:

poliaminas, antioxidantes e estudos físico-químicos. Int. J. Phytoremed, 46: 1408-1419.

Mustafa, N., Raja, N. I., Ilyas, N., Abasi, F., Ahmad, M. S., Ehsan, M., Mehak, A., Badshah, I., Prockow, J. 2022 Aplicação exógena de nanopartículas de dióxido de titânio verde (TiO2 NPs) para melhorar os parâmetros de germinação, físico-químicos e de rendimento de plantas de trigo sob stress de salinidade. Molecules , 27, 4884.

Nabi, R. B. S., Tayade, R., Hussain, A., Kulkarni, K. P., Imran, Q. M., Mun, B. G., Yun, B. W. 2019. O óxido nítrico regula as respostas das plantas à seca, salinidade e estresse de metais pesados. Environ. Exp. Bot., 161: 120-133.

Neto, E. M., Britt, D. W., Jackson, K. A., Braccini, A. L., Inoue, T. T., Batista, M. A. 2020. Desenvolvimento inicial de mudas de milho preparadas com nanofertilizante sintético de tenorita. J. Seed Sci., 42, e202042040.

Nguyen, V. D., Nguyen, H. M., Le, N. T., Nguyen, K. H., Nguyen, H. T., Le, H. M., Ha, V. C. 2022. A aplicação de nanopartículas de cobre melhora o crescimento das plantas e o rendimento dos grãos de milho em condições de seca. Regulação do Crescimento das Plantas, 41(1): 364-375.

Niu, J., Liu, C., Huang, M., Liu, K., Yan, D. 2020. Efeitos da fertilização foliar: Uma revisão da situação atual e perspectivas futuras. J. Soil Sci. Plant Nutr., 21, 104-118.

Palmqvist, N.G., Seisenbaeva, G. A., Svedlindh, P., Kessler, V.G. 2017. As nanopartículas de maghemita atuam como nanozimas, melhorando o crescimento e a tolerância ao estresse abiótico em Brassica napus. Nanoscale Res. Lett., 12 (1): 1-9.

Pandey, P. C., Tripathi, A. K., Sharma, J. K. 2021. Uma avaliação da oportunidade do GPS no mercado da agricultura de precisão. Em GPS and GNSS Technology in Geosciences, 337-349.

Patil, B., Chetan, H. 2016. Fertilização foliar de nutrientes. Marumegh, 3(1): 49-53.

Perez-Labrada, F., Lopez-Vargas, E. R., Ortega-Ortiz, H., Cadenas-Pliego, G., Benavides-Mendoza, A., Juarez-Maldonado, A. 2019. Respostas de plantas de tomate sob estresse salino à aplicação foliar de nanopartículas de cobre. Plantas, 8, 151.

Pourjafar, L., Zahedi, H. e Sharghi,Y. 2016. Efeito da aplicação foliar de nano ferro e manganês quelatado no rendimento e componente de rendimento da canola *(Brassica napus* L.) sob estresse de déficit hídrico em diferentes estágios de crescimento da planta. . Agric. Sci. Digest., 36 (3) 172-178.

Raj, E. F. I., Appadurai, M., Athiappan, K. 2022. Agricultura de precisão na agricultura moderna em automação agrícola inteligente utilizando tecnologias avançadas: Análise de dados e aprendizagem automática, arquitetura da nuvem, automação e IoT, 61-87.

Rajendra, P., Sishodia, R., Ray, L., Singh, S. K. 2020. Aplicações da deteção remota na agricultura de precisão: A review. Remote Sensing, 12: (19):3136, doi: 10.3390/rs12193136.

Rana, R., Siddiqui, M., Skalicky, M., Brestic, M., Hossain, A., Kayesh, E., Popov, M., Hejnak, V., Gupta, D., Mahmud, N., 2021. Perspectivas da nanotecnologia na melhoria da produtividade e da qualidade das culturas hortícolas. horticulturae, 7, 332.

Ranjan, S., Sow, S. 2021. Fertirrigação: Um meio eficiente de aplicação de fertilizantes para aumentar a eficiência da utilização de nutrientes.

Rao, P. M., Deebak, B. D. 2022. Questões de segurança e privacidade em cidades/indústrias inteligentes: tecnologias, aplicações e desafios. Jornal de Inteligência Ambiental e Computação Humanizada, https://doi.org/10.1007/s12652-022-03707-1.

Raviraja, S., Raghavender, K., Sunagar, P., Ragavapriya, R., Kumar, M. J., Bharath, V. 2022. Aplicações móveis baseadas na aprendizagem automática para sugestão autónoma de fertilizantes. 2022 4ª Conferência Internacional sobre Investigação Inventiva em Aplicações Informáticas (ICIRCA),

Raza, A., Safdar, M., Shahid, M. A., Rasul, F., Sabir, R. M. 2023. Aplicações de drones na agricultura de alta tecnologia. In Handbook of Research on AI-Equipped IoT Applications in High-Tech Agricultura (pp. 88-108). IGI Global.

Revathy, S., Priya, S. S. 2020. Modelo Produtor-Consumidor baseado em Blockchain para Agricultores. Em Proceedings da 4ª Conferência Internacional sobre Computação, Comunicação e Processamento de Sinais (ICCCSP). IEEE, setembro de 2020. doi:10.1109/icccsp49186.2020.9315214.

Rizwan, M., Ali, S., Zia Ur Rehman, M., Adrees, M., Arshad, M., Qayyum, M. F., Ali, L. Hussain, A. Chatha, S. A. S., Imran, M. 2019. Alívio do acúmulo de cádmio no milho *(Zea mays* L.) por pulverização foliar de nanopartículas de óxido de zinco e biochar em solo contaminado. Environ. Pollut. 2019, 248, 358-367.

Rossi, L., Fedenia, L. N., Sharifan, H., Ma, X., Lombardini, L. 2019. Efeitos da aplicação foliar de sulfato de zinco e nanopartículas de zinco em plantas de café *(Coffea arabica* L.). Fisiologia Vegetal. Bioquímica. 135, 160-166.

Ruelas, G. N. J., Palacio-Márquez, A., Sánchez, E., Muñoz-Márquez, E., Chávez-Mendoza, C., Ojeda- Barrios, D. L., Flores- Córdova, M. A. 2021. Impacto da aplicação foliar de nanopartículas, sulfato e quelato de ferro no crescimento, rendimento e assimilação de nitrogênio em feijão verde. Not. Bot. Horti Agrobot. Cluj-Napoca, 49, 12437.

Saleem, I., Maqsood, M. A., Rehman, M. Z., Aziz, T., Bhatti, I. A., Ali, S. 2021. Nanopartículas de ferrita de potássio em DAP para formular fertilizante de liberação lenta com nutrientes auxiliares. Ecotoxicol. Ambiente. Saf., 215: 112148.

Seleiman, M. F., Almutairi, K. F., Alotaibi, M., Shami, A., Alhammad, B. A., Battaglia, M. L. 2020. A nano-fertilização como uma técnica de fertilização emergente: Por que a agricultura moderna pode se beneficiar de seu uso? Plantas, 10 (1): 654.

Shanmugavel, D., Rusyn, I., Feria, O. S., Kamaraj, S. K. 2023. Fertilizantes SMART sustentáveis em sistemas agrícolas: Uma revisão dos fundamentos para aplicações no campo. Science of the Total Environment, 166729. https://doi.org/10.1016Zj.scitotenv.2023.166729.

Shebl, A. , Hassan, A. A., Salama, D. M., Abd El-Aziz, M. E., Abd Elwahed, M. S. A. Síntese verde de nanofertilizantes e sua aplicação como foliar para cucurbita pepol. J. Nanomater. 2019, 2019, 3476347.

Sheikhalipour, M., Esmaielpour, B., Behnamian, M., Gohari, G., Giglou, M. T., Vachova, P., Rastogi, A., Brestic, M., Skalicky, M. 2021. O spray foliar de nanopartículas de quitosanaselênio (Cs-Se NP) alivia o estresse salino no melão amargo. Nanomaterials, 11, 684.

Surendran, U., Chandran, K. M. 2022. Desenvolvimento e avaliação da irrigação por gotejamento e programação de fertirrigação para melhorar a produtividade da água e a produção agrícola sustentável usando HYDRUS. Agricultural Water Management, 269, 107668. https://doi.org/10.1016/j.a gwat.2022.107668.

Suryawanshi, M. D. 2020. Nutrientes para plantas TYBSC.

Tarafdar, J. C., Raliya, R., Mahawar, H., Rathore, I., 2014. Desenvolvimento de nanofertilizante de zinco para melhorar a produção agrícola em milheto *(Pennisetum americanum).* Investigação Agrícola, 3(3): 257- 262.

Thirunavukkarasu, M., Subramanian, K. S., Kannan, P., Balaji, T. 2018. Resposta do nano-enxofre ao amendoim. Int. J. Conserv. Sci., 6 (3): 2067-2072.

Tomar, R. S., Kataria, S., Jajoo, A. 2021. Por detrás da cena: Papel crítico das espécies reactivas de oxigénio e das espécies reactivas de azoto na tolerância ao stress salino. J. Agron. Crop Sci., 207, 577-588.

Tsonev, T., Lidon, F. J. C. 2012. Zinco em plantas - Uma visão geral. Emir. J. Food Agric. 24 (4): 322-333.

Usman, M., Farooq, M., Wakeel, A., Nawaz, A., Cheema, S. A., Rehman, H. U., Ashraf, I., Sanaullah, M. 2020. Nanotecnologia na agricultura: Situação atual, desafios e oportunidades futuras. Sci. Total Environ., 721, 137778.

Vangala, A., Das, A. K., Chamola, V., Korotaev, V., Rodrigues, J. P. C. 2022. Segurança na agricultura inteligente com base na IoT: arquitetura, soluções de segurança e desafios. Cluster Computing, https://doi.org/10.1007/s10586-022-03566-7.

Vejan, P., Khadiran, T., Abdullah, R., Ahmad, N. 2021. Fertilizante de libertação controlada: A review on developments, applications and potential in agriculture. Journal of Controlled Release, 339, 321334.

Verma, K. K., Song, X. P., Joshi, A., Tian, D. D., Rajput, V. D., Singh, M., Arora, J., Minkina, T., Li, Y. R. 2022. Tendências recentes em nano-fertilizantes para a agricultura sustentável sob as mudanças climáticas para a segurança alimentar global. Nanomaterials, 12, 173.

Vicente, L. M., Wu, G. L. 2019. Conservação do solo e da água em sistemas agrícolas e florestais. Água, 11(9), 1937. DOI:10.3390/w11091937.

Virk, A., Noor, M. A., Fiaz, S., Hussain, S., Hussain, H., Rehman, M., Ahsan, M., Ma, W. 2020. Smart Farming: An Overview, páginas 191-201. ISBN 978-3-030-37793-9. doi:10.1007/978-3-030- 37794-6_10.

Vitali, G., Francia, M., Golfarelli, M. Canavari M., 2021.Crop Management with the IoT: Uma Pesquisa Interdisciplinar. Agronomia, 11(1):181, janeiro doi:10.3390/agronomia11010181.

Wu, H., Li, Z. 2022. Agricultura nanométrica: Como é que as nanopartículas atravessam as barreiras nas plantas? Plant Commun. 3, 100346.

Wu, H., Tito, N., Giraldo, J. P. 2017. As nanopartículas aniónicas de óxido de cério protegem a fotossíntese das plantas do stress abiótico, eliminando espécies reactivas de oxigénio. ACS Nano, 11(11): 11283-11297.

Zhao, W. Lin, Sh. J., Xu, R., Hou., L. 2017. Projeto e implementação de sistema de irrigação inteligente baseado em lora. Em Proceedings of IEEE Globecom Workshops (GC Wkshps), páginas 1-6.

Zhou, P., Long, B., Wang, R., Jiang, Y., Zhao, W., Li, Y., Li, M., Guo, Z., Zhang, P., Rui, Y. 2022. Aumento dos ingredientes activos da medicina tradicional chinesa Isatis indigotica através da suplementação com nanopartículas de ferro versus nanotubos de carbono: Um estudo comparativo. Environ. Sci. Nano 9,2966-2978

Zhou, P., Zhang, P., He, M., Cao, Y., Adeel, M., Shakoor, N., Jiang, Y., Zhao, W., Li, Y., Li, M., 2023. Os nanomateriais à base de ferro reduzem a toxicidade do cádmio no arroz *(Oryza sativa* L.) através da modulação de fitohormonas, fitoquelatina, genes de transporte de cádmio e formação de placas de ferro. Environ. Pollut, 320, 12106.

MIX
Papier aus verantwortungsvollen Quellen
Paper from responsible sources
FSC® C105338

Printed by Books on Demand GmbH, Norderstedt / Germany